海洋平台用燃气轮机

孙 霖 史健超 江 涛 著

中国石化出版社
·北京·

内容提要

本书针对燃气轮机近年来的发展与需求，系统地论述了国内外燃气轮机的发展历史与生产厂商，并进行了重点产品的对比以及适用条件的分析，深入总结了海洋平台用燃气轮机国产化成橇技术，并对各系统进行了适应性分析。

本书既可作为高等院校石油、化工、机械、环境类专业本科生与研究生的教学用书，也可供从事燃气轮机研究的管理人员和技术人员参考。

图书在版编目(CIP)数据

海洋平台用燃气轮机/孙霖，史健超，江涛著.—北京：中国石化出版社，2024.1

ISBN 978-7-5114-7311-0

Ⅰ.①海… Ⅱ.①孙…②史…③江… Ⅲ.①海上平台-燃气轮机 Ⅳ.①TE951

中国国家版本馆CIP数据核字(2024)第039251号

中国石化出版社出版发行

地址：北京市东城区安定门外大街58号

邮编：100011 电话：(010)57512500

发行部电话：(010)57512575

http://www.sinopec-press.com

E-mail:press@sinopec.com

北京艾普海德印刷有限公司印刷

全国各地新华书店经销

*

710毫米×1000毫米16开本8.5印张137千字

2024年3月第1版 2024年3月第1次印刷

定价:49.00元

前　言

1939 年，在瑞士 BBC 公司诞生了世界第一台发电用燃气轮机，标志着发电行业由汽轮机进入了燃气轮机时代。目前，燃气轮机在发电、航空、舰船、军用以及机械驱动等领域有着广泛应用；同时，这项能源转换技术在工业过程中有着重要作用。现代燃气轮机具有排放污染少的优点，在采用低氮氧化物排放燃烧的先进技术下，排放氮氧化物（NO_x）和碳氧化物（CO）低于 15ppm，远低于常规火力发电排放指标。当今世界重型燃气轮机制造业具有行业特点，基本形成了以 GE、西门子、三菱、ALSTOM 公司为主的重型燃气轮机产品体系，代表了目前燃气轮机制造业的最高水平。作为行业的后来者，中国燃气轮机产业经历了长期艰难的发展，西方将其制造技术列为“禁止对华出口”的十大技术之首，我国将其列为科技攻关重大专项。从引进仿制到“打捆招标、市场换技术”，再到自主研发，2008 年底，我国第一台重型燃气轮机 RO110 正式验收通过。过去 10 多年间，我国燃气轮机几经更新换代，目前燃气轮机生产的国产化率已达到 70% 以上。但对于高端热通道部件、高端备用部件，我国仍未掌握自主设计和制造技术。同时随着海洋油气产量的快速提高，海上平台数量也随之快速增加，燃气轮机发电机组的需求也在向海上发展。

本书共分为 5 章。第 1 章概述了燃气轮机的背景，重点介绍国内外燃气轮机的发展历史以及意义；第 2 章详细介绍了国外燃气轮机机组现状，对目前代表性燃气轮机生产厂商的各项能力进行分析；第 3 章介绍了国内燃气轮机机组的情况，包括我国独立的加工厂商以及研发机构的特点，并进行对比分析；第 4 章介绍了国内外燃气轮机应用情况，进行不同公司产品的适应性分析并进行综合比较；第 5 章分析海洋平台用 25MW 燃气轮机成橇技术，对国产化必要性进行分析，并列出海洋平台用燃气轮机特点与现有困难，提出了燃气轮机各系统在海洋平台上的应用要求以及适应性分析。

全书由孙霖、史健超、江涛等主编。本书的编写参考了大量的研究论文、教材和手册，在此一并表示感谢！若参考文献标注中有疏漏之处，在此致歉。

由于编者水平有限，书中不足之处在所难免，希望广大读者批评和指正。

目　　录

第1章　概述

1.1　引言

燃气轮机成橇技术，也被称为 Combined Cycle Gas Turbine（CCGT）技术，是一种结合了燃气轮机和蒸汽轮机优势的能源转换技术。

1939 年，在瑞士 BBC 公司诞生了世界第一台发电用燃气轮机，标志着发电行业由汽轮机进入燃气轮机时代。目前，燃气轮机在发电、航空、舰船、军用以及机械驱动等各领域得到广泛应用，现代燃气轮机发电技术已进入高度发展阶段，燃气轮机分为重型燃气轮机、轻型燃气轮机（包括航机改型燃气轮机）、小型燃气轮机和微型燃气轮机。世界重型燃气轮机制造业目前已成高度垄断的局面，形成了以 GE、西门子、三菱、ALSTOM 公司为主的重型燃气轮机产品体系，代表了当今世界燃气轮机制造业的最高水平。随着高温材料、机械加工、精密铸造、高温零部件冷却和防腐保护，以及大型机械装备的装配试验研究等一系列重大技术的突破，燃气蒸汽联合循环从热力学上可实现布雷顿循环和朗肯循环的联合，装置整体效率高达55% ~60%，比目前先进的超临界、超超临界火电机组的效率高出 10%[1,2]。现代燃气轮机具有排放污染少，更环保等优点，在采用低氮氧化物排放燃烧先进技术下，燃气轮机排出有害成分氮氧化物（NO_x）和碳氧化物（CO）的水平均能达到 15ppm（$1ppm = 10^{-6}$），远低于常规火力发电排放指标[3]。

自 20 世纪 50 年代起，国内开始引进苏联的涡喷发动机，进行仿制形成小功率等级燃气轮机。20 世纪 80 年代，南方汽轮机厂与 GE 公司合作生产涡轮进气形式的初温为1100℃等级的燃气轮机，单机功率为40MW，效率为32%，核心部件均由 GE 公司提供，国内仅完成整机 30% 的工作内容，同时期中航发集团与美国普惠公司合作，生产 FT－8 燃气轮机，国内改型生产了 WJ－5G、WJ－6G、WP－6G、WZ－6G 等型号的燃气轮机[4]。20 世纪 90 年代，引入乌克兰机组 UGT25000，由 703、西航、哈汽共同开发研制，2015 年，首台国产 UGT25000 透平作为西气东输压缩机动力装置在烟墩站投用，成功实现进口透平由舰船到工业应用的转型应用，2018 年，703 所成功完成 UGT25000 机组海洋平台适应性改进及双燃料系统的试验测试，首台国产透平发电机组在中海油成功投用，现正处于可靠性验证阶段，验证后可具备大机组的替代功能。由中航发集团提供的 QD70 发电机组目前在海南东方终端进行联调，即将投用，该机组作为示范电站项目经过可靠性验证后，将根据海洋平台使用要求进一步完善设计，在完成透平双燃料系统设计和试验后试用于海洋平台。虽然实现燃气轮机的完全国产化任重而道远，但需要研究者前赴后继地开展深入探索[5,6]。

1.2　燃气轮机的发展历史

1.2.1　国外燃气轮机发电机组发展历程

70 多年来世界燃气轮机的发展大致可分为以下几个阶段。

1. 起步阶段(20 世纪 30～70 年代)

仅 BBC 公司进行研发，产品功率小(不超过 4MW)、燃气温度低(不超过 800℃)、热效率低于 20%，且在第二次世界大战期间发展停滞。第二次世界大战结束后美国 GE 公司、德国西门子公司先后开始研制燃气轮机，走的是原始创新的技术路线。三菱公司从 20 世纪 60 年代开始研制燃气轮机，走的是引进技术消化吸收再创新的路线。三家公司在 20 世纪 70 年代后期都完成了原型燃气轮机(功率 25MW 以下)的研制，燃气温度达到 1000℃，效率约为 26%。[7,8]研制原型燃气轮机的主要目的是突破并掌握核心技术、选定燃气轮机主机基本结构特别是转子结构、建立试验设备和培养人才。

2. 发展阶段(20 世纪 80～90 年代)

燃气轮机及其联合循环技术日臻成熟。燃气轮机由于其热效率高、污染低、工程总投资低、建设周期短、占地和用水量少、启停灵活、自动化程度高等优点，逐步成为继汽轮机后的主要动力装置。为此，美国、欧洲、日本等国家和地区政府制定了扶持燃气轮机产业的政策和发展计划，投入大量研究资金，使燃气轮机技术得到了更快的发展[9]。20 世纪 80 年代末到 90 年代中期，采用航空发动机的先进技术发展了一批大功率、高效率的燃气轮机，既具有重型燃气轮机的单轴结构、寿命长等特点，又具有航机的高燃气初温、高压比、高效率的特点，透平进口温度达到 1300℃以上，简单循环发电效率达到 36% ~38%，单机功率达到 200MW 以上。90 年代后期，大型燃气轮机开始应用蒸汽冷却技术，使燃气初温和循环效率进一步提高，单机功率进一步增大[10]。透平进口温度达到 1400℃以上，简单循环发电效率达到 37% ~39.5%，单机功率达到 300MW 以上。这些大功率高效率的燃气轮机，主要用来组成高效率的燃气—蒸汽联合循环发电机组，由一台燃气轮机组成的联合循环机组最大功率等级接近 500MW，供电效率已达到 55% ~58%，最高 60%，远高于超临界汽轮发电机组的效率(40% ~45%)。而且，燃气轮机电厂初始投资、占地面积和耗水量等都比同功率等级的汽轮机电厂少得多，是以天然气和石油制品为燃料的电厂的主要选择方案。由于世界天然气供应充足，价格低廉，所以，最近几年世界上新增加的发电机组中，燃气轮机及其联合循环机组在美国和西欧已占大多数，亚洲平均也已达到 36%，世界市场上已出现了燃气轮机供不应求的局面，世界燃气轮机市场开始形成，燃气轮机发电成为全球发电行业不可或缺的重要组成部分[11]。

3. 成熟阶段(21 世纪以来)

美、英、俄等国的水面舰艇已基本实现了燃气轮机化，现代化的坦克用燃气轮机为其提供动力，输气输油管线增压和海上采油平台动力由轻型燃气轮机提供。先进的轻型燃气轮机简单循环热效率可达 41.6%。采用间冷 - 回热循环的燃气轮机在 30% ~110% 工况下，热效率下降很少，可保持在 41%。目前正开发功率大于 40MW，涡轮前温度为 1427 ~1480℃，简单循环热效率达到 45% ~50% 的轻型燃气轮机。微型燃气轮机作为分布式电源也取得了显著进展。

近年来，洁净燃煤发电技术取得了重要进展，最有希望的两种解决途径为：整体煤气化联合循环(IGCC)和增压流化床联合循环(PFBC)，燃气轮机均是其中的关键设备。至今，全世界已投运了 10 余座不同功率等级的 IGCC 电厂，还有一批 IGCC 电厂正在筹建中，IGCC 电厂已开始进入商业化应用阶段。PFBC 电站已投运 5 座，成功进行了示范运行，正逐步进入商业化运行阶段[12,13]。

1.2.2 国内燃气轮机发电机组发展历程

我国早在20世纪50年代末就开始设计制造燃气轮机，但近20年的发展断层让我国错过了技术高速发展的时期，与国际水平差距逐渐拉大[14,15]。随着我国天然气资源大规模开发利用，西气东输、近海天然气开发、液化天然气(LNG)引进、可燃冰开发、煤层气的综合利用、分布式电源建设等工程的开展，国家能源结构调整进入实施阶段，燃气轮机在我国迎来前所未有的发展机遇。我国燃气轮机发展历程、发展阶段如图1-1、图1-2所示。

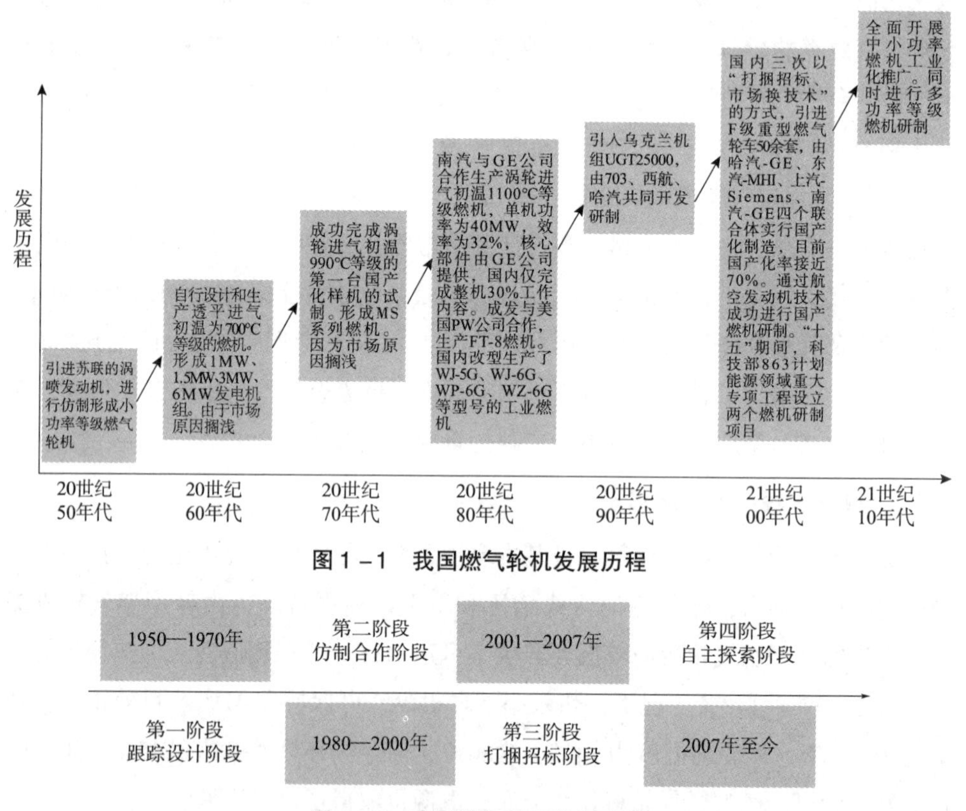

图1-1 我国燃气轮机发展历程

图1-2 我国燃气轮机发展阶段

1. 跟踪设计阶段

20世纪50~70年代，在消化吸收苏联技术的基础上自主设计、试验和制造燃气轮机，并开发200~25000kW多种型号的燃气轮机[16]。培养了国内第一批自主开发、试验研究、产品制造和工程服务的技术队伍。在此期间清华大学、哈尔滨汽轮机厂(哈汽)、上海汽轮机厂(上汽)、南京汽轮机厂(南汽)、中国北车集团长春机车厂(长春机车)、青岛汽轮机厂(青汽)、杭州汽轮机厂(杭汽)等都曾投入燃气轮机早期的研制，全行业技术水平进步很快，但当时主要采取测绘仿造与自主研发相结合的方式，处于跟踪设计阶段。1976 年，以南汽为首的全国近百个单位通力合作，研制成功了 20000kW 燃气轮机发电机组成套设备，成为行业发展的一个里程碑[17,18]。

2. 仿制合作阶段

20 世纪 80 年代到 2000 年受困于全国油气供应严重短缺，国家不允许使用燃油/燃气发电，燃气轮机行业失去市场需求，全行业进入低潮期。除保留南汽一家燃气轮机制造厂外，其他制造企业全部下马，人员和技术严重流失[19]。加上大学燃气轮机专业改行，人才培养和国家研发投入基本停止，国内燃气轮机产业与国际水平差距迅速拉大。在此期间，南汽在原机械电子工业部的主持下，与美国通用电气合作生产 MS6001B 型 39MW 燃气轮机，国产化率高达 60% ~70% 。

3. 打捆招标阶段

2001 年国家发展和改革委员会发布了《燃气轮机产业发展和技术引进工作实施意见》，采用以市场换取部分制造技术的方式，相应进行了 3 次捆绑招标，引进美国通用电气、德国西门子和日本三菱重工 3 种 F 级大型单轴燃气轮机机组共 54 套，全部建成后总装机容量超过 20000kW。日本三菱重工的 10 台燃气轮机有 8 台为 350MW，分别供给 4 座电厂。美国通用电气的 13 台燃气轮机为 GE9FA 型，供给另外 6 座电厂，用于总价值 9 亿美元的联合循环发电系统。哈尔滨动力集团和美国通用电气组成的联合体共同生产 PG9351FA 机型；东方电气集团和日本三菱重工组成的联合体共同生产 M701F 机型；上海电气集团与德国西门子组成的联合体共同生产 V93. 4A 机型。打捆招标引进的燃气轮机产品及技术指标如表 1 –1 所示。

表 1 –1　打捆招标引进燃气轮机产品及技术指标

合作公司	哈电 – 通用电气	上海电气 – 西门子	东方电气 – 三菱重工	南京汽轮机 – 通用电气
型号代号	PG9351FA	V94. 3A/SGT5 – 4000F	M701F	PG9171E
简单循环功率/MW	255. 6	265	270. 3	123. 4
简单循环效率/%	36. 9	38. 5	38. 2	33. 8
联合循环效率/%	56. 7	57. 3	57	52

打捆招标在一定程度上促进了我国燃气轮机产业的发展，我国电力市场对于燃气轮机的需求基本得到满足。但是在打捆招标过程中，外方对于燃气轮机核心技术严格封锁，坚决不转让设计、高温材料、热部件制造和控制系统等核心技术[15,20,21]。国内主机厂商掌握的技术主要是燃气轮机分解装配、冷端零件代加工、部分热端部件的代加工和国外的辅助系统配套，引进的技术中不包括燃气轮机的整机设计技术、热端关键件制造技术和控制系统技术，所以国内重燃市场被国外企业垄断的局面没有任何改变。燃气轮机的分解和装配技术含量不高，在运行现场就能操作；冷端零件、部分热端部件的代加工和外围辅助系统配套也是依据外商的图纸进行，不掌握知识产权。热端关键零部件修理方面，国内有3家合资公司，分别是：通用电气－哈动力－南汽轮能源服务(秦皇岛)有限公司、华瑞(江苏)燃气轮机服务有限公司和三菱重工东方燃气轮机(广州)有限公司，基本实现了燃气轮机热端关键零件修理本土化，但维修利润仍然主要掌握在外商手中。

4. 自主探索阶段

为突破燃气轮机关键技术，拥有自主品牌的燃气轮机产品，我国自“十五”计划开始，从国家有关部门、地方政府到企业、科研院所、高等院校，通过自主研发、设计构建等多种渠道，在燃气轮机核心部件和产品研制、关键技术开发、应用基础研究等方面开展了一系列工作。

面对竞争日益激烈的市场和不断进步的燃气轮机技术，国内燃气轮机制造企业通过股权收购、组建合资公司等方式开展国际合作，加大加深与外方的合作[22]。2014年上海电气结束与西门子的“打捆招标”合作关系，转向收购意大利安萨尔多能源公司40%的股权，并与其在中国成立合资公司；与安萨尔多的合作情况，较之前与西门子的合作进步非常明显，进入设计、服务等以前无法触碰的领域。哈尔滨电气集团扩大了与通用电气已有合作，进一步成立合资公司进行F级和9HA级燃气轮机的本地化制造。东方电气集团持续深化与三菱合作，在2016年将合作范围扩展到F＋级和H级，2019年50MW燃气轮机整机空负荷试验点火成功。

在核心热部件方面，中国科学院金属研究所从2009年起先后实施了燃气轮机大型定向结晶透平叶片材料与制备工艺项目、燃气轮机高温透平叶片研制与验证项目，重点突破F级燃气轮机透平叶片抗热腐蚀高温合金材料技术、叶片的无余量精密铸造制造技术和大尺寸定向结晶技术。

2015 年国家启动实施“航空发动机及燃气轮机”国家科技重大专项，2014 年国家电力投资集团依托三大燃气轮机厂(哈尔滨电气股份有限公司、中国东方电气股份有限公司、上海电气总公司)共同出资组建成立中国联合燃气轮机技术有限公司(以下简称中国重燃)，主要从事燃气轮机设计、研发、试验验证、相关技术开发、技术转让、技术咨询和技术服务、燃气轮机试验电站建设管理、运行维护等业务。2016 年 12 月，中国重燃作为两机专项燃气轮机项目的具体实施单位，推进重燃专项实施。

2020 年，中科招商投资成立厦门中冠能燃气轮机科技有限责任公司和厦门中冠能燃气轮机科技有限责任公司成都分公司从事航改机相关产品的研发。中航发集团整合沈阳 606 动力机械所、沈阳黎明、航发燃气轮机(株洲)有限公司和北京黎明航发动力科技有限公司等公司燃气轮机技术及专家成立中航燃气轮机有限公司，深入开展燃气轮机国产化研发工作。

目前多个企业开展燃气轮机新项目，和兰透平聚焦 10MW 以内小型燃气轮机领域的精耕细作；新奥能源动力科技(上海)有限公司也在小型燃气轮机的发展及多场景应用方面进行开发。

1.3　燃气轮机成橇技术背景与意义

燃气轮机成橇技术的背景可以追溯到 20 世纪中叶，随着能源需求的增长和能源供应的多样化，人们开始寻找更高效、更环保的发电方式。

传统的燃煤发电厂使用煤炭燃烧产生蒸汽驱动蒸汽轮机发电，但其能源转换效率较低，为 30% ~40%。并且燃煤发电厂排放大量的 CO_2 和其他污染物，对环境造成了严重影响。为了提高能源转换效率和减少污染物排放，燃气轮机在 20 世纪 60 年代开始广泛应用于电力发电领域。燃气轮机通过燃烧天然气或液体燃料，将燃料的化学能直接转化为机械能，然后由发电机将机械能转化为电能。燃气轮机的能源转换效率一般为 35% ~45%，显著高于燃煤发电厂。

然而，单纯使用燃气轮机发电存在一个问题，就是燃气轮机的排出烟气温度较高，大量的热能未得到充分利用。为了进一步提高能源利用效率，人们将燃气轮机与蒸汽轮机相结合，形成了燃气轮机成橇技术。燃气轮机成橇技术利用燃气轮机的高温排烟作为蒸发器中的热源，产生蒸汽驱动蒸汽轮机发电。这种双重转换方式大大提高了能源的利用效率，使得燃气轮机成橇技术的能源转换效率可达到50%以上，甚至接近60%，成为目前商业化燃气发电系统中最高效的技术之一。燃气轮机成橇技术是指在燃气轮机的设计和制造过程中，通过改进轴流压气机和轴流涡轮机之间的密封系统，减小或消除两者之间的泄漏现象，从而提高整个系统的效率和性能。在燃气轮机中，轴流压气机起到将空气进行压缩的作用，而轴流涡轮机则通过高速旋转的涡轮叶片使压缩后的气体释放能量并驱动涡轮机工作。然而，在轴流压气机与轴流涡轮机之间存在着密封系统，用于防止气体泄漏。如果密封系统存在问题，会导致部分压缩空气绕过涡轮机直接排出，从而降低了整个燃气轮机的效率和性能。因此，燃气轮机成橇技术的关键问题就是改善轴流压气机与轴流涡轮机之间的密封系统，减少或消除泄漏，如采用更先进的密封材料、改进密封结构、加强密封的润滑和冷却等。通过应用成橇技术，可以提高燃气轮机的能源利用效率、减少环境污染、增强可靠性和延长使用寿命。

总之，燃气轮机成橇技术对提升能源利用效率和环境保护具有重要意义。它的背景和意义主要体现在以下几个方面。

(1)高效能源转换。燃气轮机成橇技术通过同时利用燃气轮机和蒸汽轮机，将燃料的化学能转化为电能。燃气轮机能够使用高温高压的燃烧气体直接驱动发电机产生电能，而蒸汽轮机则能够利用燃气轮机排出的热量来产生蒸汽并驱动另一个发电机。这种双重转换方式提高了能源的利用效率，使得燃气轮机成橇技术相较于传统的燃气轮机或蒸汽轮机单独使用更为高效。

(2)减少排放和环保。燃气轮机成橇技术在能源转换过程中减少了 CO_2 等温室气体的排放。相比传统的燃煤发电厂，燃气轮机成橇技术的燃料燃烧效率更高，因此燃烧产生的 CO_2 排放更少。此外，燃气轮机成橇技术还能够通过废热回收系统回收废气的热量，进一步提高能源利用效率，减少能源浪费。

(3)快速启停和负荷调节能力。燃气轮机成橇技术相比传统的发电方式具有较快的启停时间和响应速度，能够更好地应对电力系统的负荷需求变化。这使得燃气轮机成橇技术在应对电网峰谷负荷差异较大的情况下，具有更高的灵活性和可调度性。

(4)多能源综合利用。燃气轮机成橇技术可以与其他能源技术相结合，实现多能源综合利用。例如，通过与太阳能、风能等可再生能源技术的结合，燃气轮机成橇技术能够提供可靠的基础负荷发电，并在可再生能源不可控时起到补充作用，提高电力系统的稳定性。

总的来说，燃气轮机成橇技术能够提高能源利用效率、减少排放、灵活调度，具有重要的能源转换意义。它可以为电力系统提供可靠、高效、环保的电力供应，并为能源多样化和可持续发展做出贡献。燃气轮机成橇技术的背景是能源转换的技术发展和环境意识的崛起，随着对能源效率和环境保护要求的提高，燃气轮机成橇技术逐渐成为现代电力行业中主流的发电技术之一。

燃气轮机成橇技术目前处于不断发展的阶段，其发展现状主要体现在以下几个方面[23-26]。

(1)密封材料的改进。随着材料科学和工程技术的不断进步，燃气轮机密封材料得到了改进。高温合金、陶瓷、聚合物等新型材料的应用，使得燃气轮机的密封性能得到提高，抗高温、耐磨和耐腐蚀能力得到增强。

(2)密封结构的优化。燃气轮机的密封结构也在不断优化，通过改变密封间隙的尺寸和形状，采用更有效的密封结构设计，以减少泄漏。例如，采用活动环或叶片密封等新的结构，可以更好地适应工作过程中的热胀冷缩变化，并减小泄漏量。

(3)润滑和冷却技术的改善。在成橇技术中，润滑和冷却是关键的方面。研究人员致力于改善密封部件的润滑和冷却系统，以确保密封部件的正常工作，并降低泄漏、减少磨损和延长使用寿命。

(4)模拟和仿真技术的应用。借助计算机模拟和仿真技术，可以更好地理解和分析燃气轮机中的流体动力学和热力学特性。通过对密封系统进行数字化建模和仿真分析，可以优化密封结构并预测系统的性能，为成橇技术的改进提供参考。

总的来说，燃气轮机成橇技术在材料、结构、润滑冷却和仿真等方面均不断发展和完善。通过这些技术的应用和改进，可以进一步提高燃气轮机的效率、可靠性和环保性能，为能源领域的可持续发展做出贡献。未来，随着科学技术的不断进步，燃气轮机成橇技术将继续迎来新的突破和创新。

1.4 燃气轮机的原理和特点

燃气轮机(Gas Turbine)是一种将燃料的能量转化为机械能的热力机械装置。它通过燃烧燃料产生高温高压的气体，然后利用这些气体对一系列旋转部件进行推动，从而产生旋转动力[27]。

燃气轮机区别于活塞式内燃气轮机具有两大特征：一是发动机部件的运动方式，它为高速旋转且工质气流朝一个方向流动(不必来回吞吐)，这使它摆脱了往复式动力机械功率受活塞体积与运动速度限制的制约，因此体积同样大小的燃气轮机比活塞式内燃气轮机在单位时间内通过的工质量要大得多，产生的功率也大得多，且结构简单、运动平稳、润滑油耗少；二是主要部件的功能，其工质经历的各热力过程是在不同的部件中进行的，故可方便地把它们加以不同组合以满足各种用途的要求。

燃气轮机区别于汽轮机，具有三大特征：一是工质，它采用空气作为工质而不是水，故可不用或少用水；二是多为内燃方式，使它免除庞大的传热与冷凝设备，因而设备简单，起动和加载时间短，装置金属消耗量、厂房占地面积与安装周期都能大大减少；三是高温加热、高温放热，使其提高系统热效率的潜力更大，但也使其在简单循环时的热效率较低，且高温部件对 Ni、Cr、Co 等高温合金材料的使用量大，设备价格昂贵。

燃气轮机的主要构件如下。

(1)压气机(Compressor)。燃气轮机从外部获取空气，并通过压气机将空气压缩。压气机通常由多个级别的转子和定子组成，每个级别将空气进一步压缩，提高气体的密度和压力。压缩过程中，空气的温度也会升高。

(2)燃烧室(Combustor)。压缩后的空气经过燃烧室，与燃料混合并点燃。燃烧室内的燃料和空气燃烧产生高温高压的燃气。燃气中的能量转化为高速的热气体流动，并释放出大量的热能。

(3)涡轮(Turbine)。高温高压的燃气流经涡轮，推动涡轮旋转。涡轮与压气机通过轴连接，涡轮的转动带动压气机进行工作。涡轮通常由多个级别的转子和定子组成，每个级别根据需要从燃气中提取能量，从而实现燃气的膨胀和旋转动力的输出。

燃气轮机是以连续流动的气体为工质、把热能转换为机械功的旋转式动力机械。空气中的 O_2 是助燃剂，燃料燃烧使空气膨胀做功，也就是燃料的化学能转变成机械能。图 1－3 所示为一台燃气轮机的模型剖面图，可以通过它来了解燃气轮机的工作原理。从外观看燃气轮机模型，整个外壳是个大型气缸，在前端是空气进入口，在中部有燃料入口，在后端是排气口(燃气出口)。

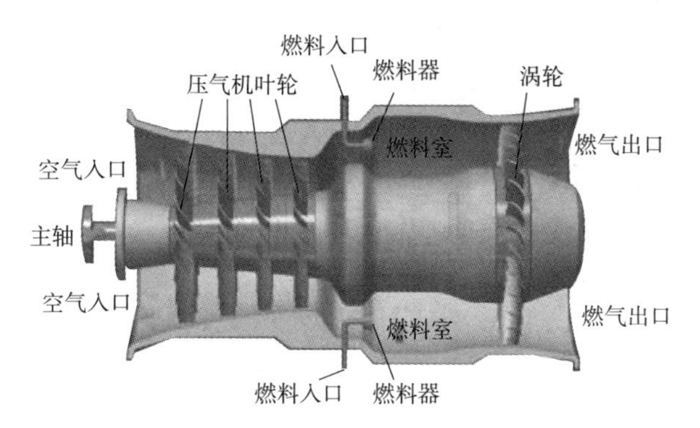

图 1－3　燃气轮机原理模型

燃气轮机是一种基于内燃气轮机原理的发电设备，工作原理如下。

(1)压缩空气。燃气轮机首先通过一个压缩机(也称为空气压缩机)将大量空气进行压缩，提高了空气的密度和压力。压缩机通常采用多级离心式或轴流式设计，通过旋转叶片将空气加速并压缩。

(2)燃烧燃料。压缩后的空气进入燃烧室中，与燃料混合后燃烧。燃料可以是天然气、液体燃料或煤气等。在燃烧过程中，燃料燃烧释放出的能量将空气加热，形成高温高压的燃气。

(3)转动涡轮。高温高压的燃气通过涡轮转子，使得涡轮转子高速旋转。涡轮转子通常由多个级别的叶片组成，这些叶片被燃气的冲击力推动并驱动转子旋转。

(4)输出功率。转动的涡轮轴与发电机轴相连，通过传动将机械能转化为电能。涡轮驱动的发电机产生电力，输出给电网或应用设备使用。

(5)排放废气。燃气轮机在释放完能量后，将高温废气排出系统。这些废气中还存在一定的能量，可以进一步通过废热回收系统进行利用，提高系统的能源利用效率。

总而言之，燃气轮机的工作原理是通过压气机将空气压缩，然后燃烧室中的燃料与空气混合燃烧产生高温高压的燃气，燃气经过涡轮推动涡轮旋转，最终将旋转动力传递给外部设备以产生所需的功效。这种能量转化过程实现了燃料能源的高效利用。

燃气轮机工作时，工质顺序经过吸气压缩、燃烧加热、膨胀做功及排气放热4个工作过程而完成一个由热能向机械能转化的热力循环。图1-4所示为开式简单循环燃气轮机工作原理。压气机从外界大气环境吸入空气，并逐级压缩(空气的温度与压力也将逐级升高)，压缩空气被送到燃烧室与喷入的燃料混合燃烧产生高温高压的燃气，然后再进入透平，推动透平叶片高速旋转，从而使得转子旋转做功。转子旋转做功的大部分(约为2/3)用于驱动压气机，剩下约1/3的功用来驱动机械设备，如发电机、泵、压缩机等；最后，透平排气可直接排到大气，自然放热给外界环境，也可通过各种换热设备放热以回收利用部分余热。在连续重复完成上述的循环过程的同时，发动机也就把燃料的化学能中连续的部分转化为有用功。

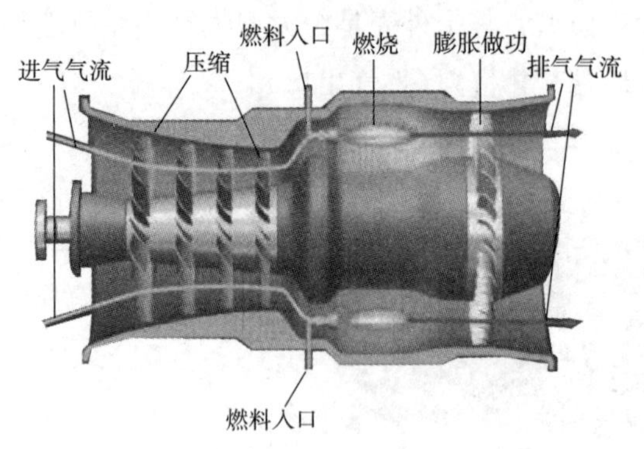

图1-4　开式简单循环燃气轮机工作过程

总的来说，燃气轮机利用压缩空气和燃料的燃烧来产生高温高压的燃气，并通过涡轮转子将燃气中的能量转化为机械能，最终驱动发电机产生电能。燃气轮机具有结构简单、起动快速、维护方便等优点，因此在发电、航空、石化等领域得到了广泛应用。

现代燃气轮机发动机主要由压气机、燃烧室和透平三大部件组成。为了保证整个装置的正常运行，根据不同情况配置控制调节系统、启动系统、润滑油系统、燃料系统等。燃气轮机按照转子轴的数量主要分为单轴、双轴和三轴3种形式。

单轴燃气轮机的压气机和透平共用一根转子，其主要用于驱动转速较为恒定的设备，如驱动发电机、驱动工况较为稳定的压缩机等。约2/3的透平做功用于驱动燃气轮机的压气机，约1/3的透平做功用于驱动负载设备。转子结构如图1-5所示。

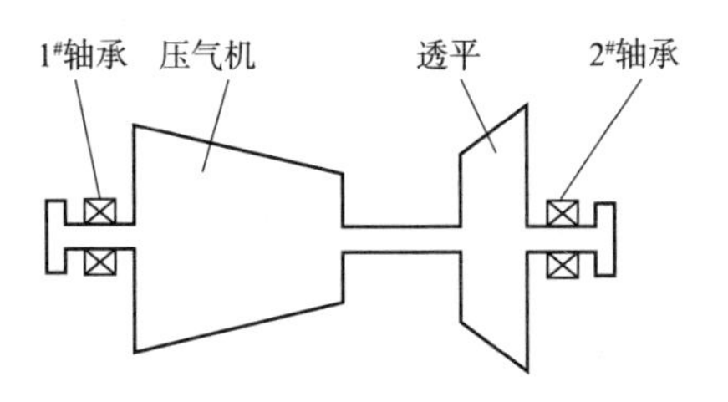

图1－5　单轴燃气轮机转子结构

双轴燃气轮机主要分为两种：第一种是高压压气机与高压透平共用一根转子，且高压转子为中空轴。低压压气机与低压透平共用一根转子，且低压转子轴穿过高压转子安装。高压透平的做功完全用于驱动高压压气机。低压透平的部分做功用于驱动低压压气机，剩余部分做功用于驱动负载，转子结构如图1－6所示。此类燃气轮机多为航改型燃气轮机，即轻型燃气轮机，如GE公司的LM6000燃气轮机；第二种是高压透平与压气机共用一根转子，高压透平的做功主要用于驱动压气机。低压透平安装在高压透平后端，低压透平的做功用于驱动负载设备，转子结构如图1－7所示，如GE O&G公司的MS1002D、MS5002E等燃气轮机。

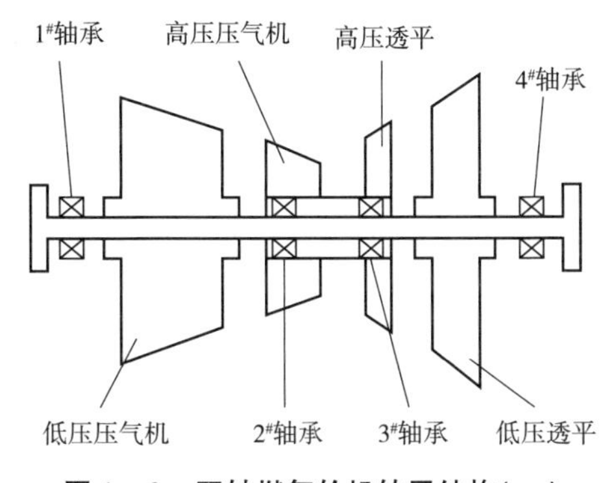

图1－6　双轴燃气轮机转子结构(一)

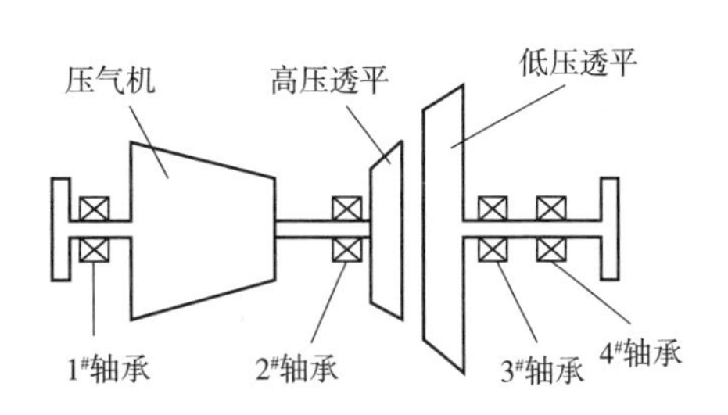

图1－7　双轴燃气轮机转子结构(二)

三轴燃气轮机主要分为两种，一种是高压压气机与高压透平共用一根转子，且高压转子为中空轴，高压透平的做功完全用于驱动高压压气机。中压压气机与中压透平共用一根转子，中压透平的做功完全用于驱动中压压气机，中压转子也是中空轴，且中压转子穿过高压转子安装。低压压气机与低压透平共用一根轴，低压透平的做功完全用于驱动低压压气机，且低压转子穿过中压转子安装，转子结构如图1－8所示，该结构主要用于涡轮喷气式和涡轮风扇式航空燃气轮机。

另一种是高压压气机与高压透平共用一根轴，高压透平的做功完全用于驱动高压压气机，且高压转子为中空轴。低压压气机与低压透平共用一根轴，低压透平的做功完全用于驱动低压压气机，且低压转子穿过高压转子安装。动力透平安装在低压透平后端，动力透平的做功用于驱动负载设备，转子结构如图 1－9 所示，如普惠公司的 FT－8 型燃气轮机[28－29]。

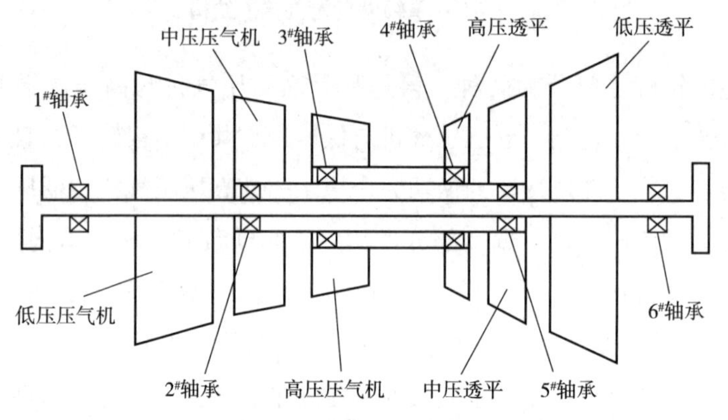

图 1－8　三轴燃气轮机转子结构（一）

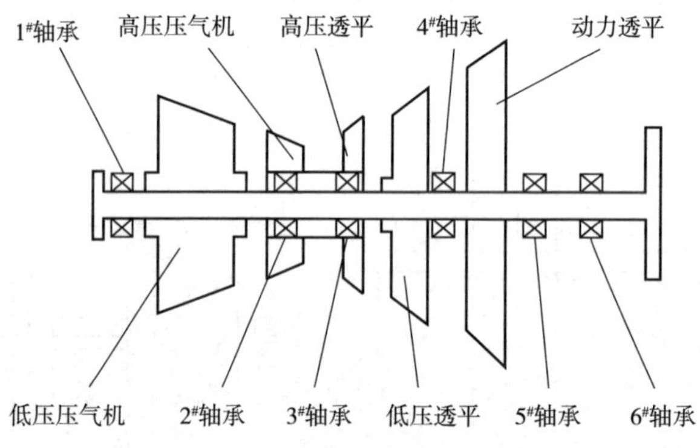

图 1－9　三轴燃气轮机转子结构（二）

第2章　国外燃气轮机机组现状

2.1　代表性燃气轮机生产厂商介绍

1. 索拉透平公司

索拉透平(Solar Turbines)公司目前是卡特彼勒公司的全资子公司，主要生产小型工业燃气轮机系列，其功率范围分布在1～23MW。超过16000台机组在全球多个国家/地区运行，累计运行时间超过30亿h。在国内小型燃气轮机领域具有很强的影响力，在国内陆地和海洋平台均有不俗的业绩。

索拉透平成立于1927年，最初是一家飞机公司。该公司经历了几次战争和大萧条。索拉透平的发展促使公司开发了广泛的创新产品。索拉透平公司立足于北美自由贸易区发展高端制造业，公司的研发设计和生产横跨美国和墨西哥两个国家的3个分厂。北美自由贸易区内发展的级差为地处美墨边界的索拉透平公司带来了便利邻近的成本优势。

如今，索拉透平是全球燃气轮机市场1000～30000马力(hp)细分市场的关键参与者，使其成为世界一流的能源解决方案提供商。基于以下成就，索拉透平作为统一团队继续为未来提供动力。索拉透平公司的燃气轮机产品技术发展具有以下几个特点：集成度高、注重减排能效和经济性、可靠性高、维修方便。除此之外，索拉透平认为低碳将是未来重点发展方向。

目前索拉透平公司提供6个产品系列的燃气轮机，包括Saturn、Centaur、Taurus、Mercury、Mars、Titan。

2. GE公司

轻型燃气轮机走航空发动机改型之路，重型燃气轮机走移植航空发动机技术、合作开发之路。航改燃气轮机充分体现出“一机为本、衍生多型、满足多用、形成谱系”的特点。重型燃气轮机系列发展主要是围绕压气机、高温材料、隔热涂层及冷却技术等几个关键技术。

GE公司依靠全球8个研发中心(5个在境外)，全球206个产品研发部门进行产品开发。研发中心总部主要负责新技术、新材料等基础研发，但不涉及具体产品的研发。产品研发部门一般设在产品生产厂附近，重点放在应用研究方面。GE公司根据研发项目的大小、流程的复杂程度将其分为四大类：大型项目、中型项目、小型项目和微型项目，并将研发过程分为10个阶段。项目经理对整个项目都负有主要的管理职责，掌握项目的研发进度、领导相关的职能团队(如开发、研制、供应、服务等团队)。

GE公司GE航空设在俄亥俄州Evendale的工厂负责LM6000和LM2500燃气轮机总装。GE电力的燃气轮机设计、试验等部门建在美国南卡罗来纳州西部城市格林威尔(Greenville)。有9条产品生产线，设在美国、法国、意大利等地。GE油气的佛罗伦萨和马萨试验场，可在室外试验台上进行涡轮压缩机和涡轮发电机的全速、满负荷试验。质量方面，严格落实六西格玛质量控制体系，使生产或服务程序中每100万次操作中出现的差错少于3.4次。

GE公司燃气轮机产品中，每一型都有其独特的特性。作为气体和液体燃料灵活性方面的领先者，6B燃气轮机是中小规模发电最受欢迎的解决方案之一；6F燃气轮机在热力回收应用领域提供低成本发电；9E燃气轮机适用于极为恶劣的环境。GE航空的主要燃气轮机产品为LM2500系列燃气轮机。GE电力的主要燃气轮机产品有6B、9E、9F、LMS100等。航改燃气轮机功率为16~120MW，重型燃气轮机功率为44~571MW。GE油气的发电用燃气轮机主要产品有GE10-1、PGT16、PGT20、PGT25、PGT25+、PGT25+G4、LM6000、LMS100、MS5001、MS5002E、MS6001B、MS7001EA、MS9001E等，功率为11~126MW；机械驱动燃气轮机主要产品有GE10-2、PGT16、PGT20、PGT25、PGT25+、PGT25+G4、LM6000、LMS100、MS5002C、MS5002E、MS5002D、MS6001B、MS7001EA、MS9001E等，功率为11~130MW。

3. 西门子公司

德国西门子(Siemens)公司是全球领先的燃气轮机制造商之一，西门子燃气轮机以其高可靠性和低维护性在客户中备受青睐。该公司提供各种重型、工业和

航改燃气轮机。由于其产品的高效率、灵活性和环境兼容性，燃气轮机可用于许多应用环境，包括石油和天然气工业及工业发电。

西门子成立于1847年，2001年起西门子收购德国DemagDelaval公司和阿尔斯通工业涡轮业务后，拥有中小型燃气轮机(50MW以内)完整的产品系列。西门子生产的SGT系列燃气轮机已超过1600台。西门子能源公司认为无碳化或者深度低碳化是能源转型的未来。2020年10月，西门子能源宣布不再支持开发新的燃煤电厂项目。在技术发展方向上，西门子能源认为应该注重低碳技术和产品的研发和应用。短期内注重燃氢燃气轮机技术研发，推进可掺氢燃气轮机的示范项目落地，并着眼于100%燃氢的终极目标。长期规划为大力发展能源产品数字化解决方案。

西门子公司西门子能源在全球拥有4个创新中心，与全球排名前25位的大学中的10个学校建立了研发合作关系，与22个供应链上下游的初创公司建立了合作关系。西门子公司采用“高精度流体动力学仿真+快速3D打印原型制造+整机运行工况高压试验”的模式完成产品开发。

西门子公司通过“组件测试+全机测试+运营测试”的测试体系，一方面确保了其产品在正式投入商业化运营之前性能的稳定；另一方面与客户实现了深度绑定，加深了双方的合作与信任。

西门子能源的燃气轮机产品主要包括重型燃气轮机、工业燃气轮机和航改燃气轮机3个系列，功率范围覆盖2~593MW。西门子能源在过去10年中大力投资中小型燃气轮机产品，以提高其效率和灵活性，使其产品更适应当前的市场趋势。SGT-800就是其中的代表机型。2020年，西门子能源在中小型燃气轮机(工业燃气轮机)市场占有率高达65%，订单量接近3.7GW。在航改燃气轮机方面，西门子能源竞争力不足，在2020年退出部分市场后仅售出了262MW。

西门子在燃气轮机领域的主要产品系列如下。

SGT-A系列：SGT-A系列燃气轮机(以前称为Aero-derivative turbines)专为工业和航空市场设计。这些燃气轮机具有快速起动、高效率和灵活的操作特点，适用于电力厂、石化、海上钻探和其他应用领域。

SGT-800系列：SGT-800系列燃气轮机广泛应用于电力、石油化工和过程工业领域。它们具有良好的部分负荷性能和快速起动能力，适用于多种运行模式和燃料类型。

SGT-700系列：SGT-700系列燃气轮机主要应用于工业领域，如发电、化工和制药领域。这些燃气轮机具有高效能、低排放和可靠性，适应性强，能够满足不同需求。

西门子的燃气轮机产品在全球范围内得到了广泛应用，并受到行业和客户的认可。除燃气轮机产品外，西门子还提供了完整的解决方案，包括控制系统、监测和维护服务，以支持客户实现高效、可靠的运营。

4. 川崎

川崎(Kawasaki)是日本军工企业，生产的M1A系列燃气轮机发电功率为1.45～1.7MW，目前国内销售的进口燃气轮机价格较高，应用案例很少，但在日本等海外市场有多个海洋平台应用案例。

川崎重工株式会社是海、陆、空三位一体化工程制造企业，川崎重工成立于1878年，在制造综合工程产品方面已有140多年的历史，业务已扩展到包括船舶、铁路车辆、飞机、燃气轮机、许多类型的工业设备、钢结构、通用机械和摩托车的制造。通过对生产效率的持续关注和内部开发的独家技术，企业正在继续开发与运输创新、国家陆地和海洋资源、空间探索、环境控制、新能源和生物技术有关的其他技术，来不断扩展，以涵盖大型、多样化的项目。

川崎业株式会社(以下简称川崎)1943年在日本完成第一台飞机用燃气涡轮发动机，自1972年开始研制工业燃气轮机，1974完成首台S1A－01型200kW燃气轮机的研发，1977完成了第一台200kW燃气轮机发电机组的销售，两年后向海外客户交付第一台发电机组，开始满足以燃气轮机为动力的发电设备订单。其后不断开发燃气轮机及以燃气轮机为动力的产品，并积极开发备用电源设备、热电联产设备、机械驱动设备等各个领域。近年来还完成了低氮氧化物氢燃型燃气轮机的投产，目前正积极开发高效率、废气低排放、高可信度等支持新时代燃气轮机的技术。

川崎GPB系列专为基本负载应用而设计，可与电网和孤岛模式并行。此外，川崎GeR系列还可以在热电联产设备中运行，具有自动运行能力，通过热回收蒸汽发生器(HRsG)、热交换器或干燥器收集废热，并与蒸汽轮机发电机一起进行联合循环，从而实现电和热(蒸汽热水)的直接加热，具有高总热效率。其中发售的主流产品有M1A、M5A、M7A、L20A、L30A系列燃气轮机发电机。其主要产品图示与燃气轮机发电机组参数如图2－1、图2－2所示。

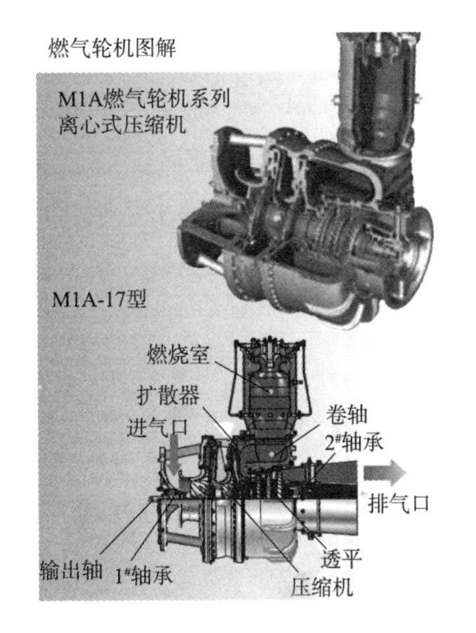

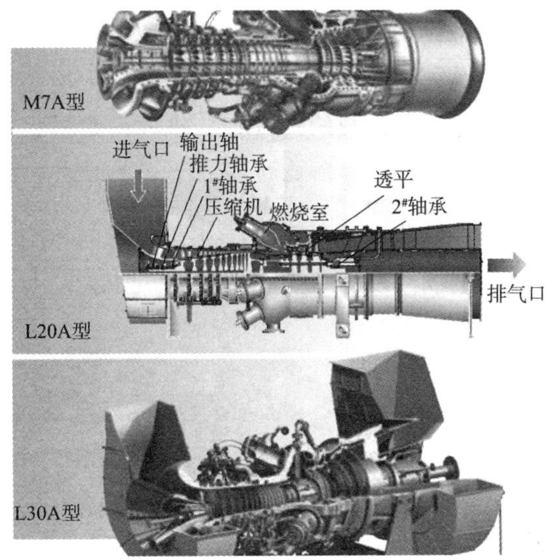

图2-1 川崎主要产品[42]

		M5A燃气轮机系列		
燃气轮机型号		M5A-01D		
燃气轮机发电机组型号		GPB50D		
部分负荷@AT15℃	%	100	75	50
电力输出	kWe	4.715	3.535	2355
热耗率	kJ/kWe-hr	11100	12120	16080
排气温度	℃	516	523	526
排气流量	$\times10^3$kg/hr	62.6	52.6	51.5
余热锅炉蒸汽量	$\times10^3$kg/hr	10.6	9.2	9.1
综合效率	%	81.8	82.1	81.0
进口空气温度	℃	0	15	40
最大连续电力输出	kWe	5165	4715	3720
热耗率	kJ/kWe-hr	10890	11100	12180
排气温度	℃	506	516	544
排气流量	$\times10^3$kg/hr	66.5	62.6	54.8
余热锅炉蒸汽量	$\times10^3$kg/hr	10.8	10.6	10.3
综合效率	%	79.9	81.8	85.0

图2-2 川崎代表性燃气轮机发电机组参数[42]

M5A：发电进气口标准解决方案GPB50D燃气轮机发电机组采用最新成熟技术开发的川崎M5A-01D燃气轮机，提供高效率的5MW功率，如图2-3所示。它的高性能为发电和热电联产提供了最佳解决方案。GPB50D紧凑的包装设计也是完美

图2-3 M5A-01D型号燃气轮机实物[42]

的轴输出排气现有设施的更新工程。

M7A：2011 年，川崎向市场推出了最新的燃烧系统，M7A－03 燃气涡轮发动机实现了个位数的超低 NO_x 排放，如图 2－4 所示。在许多国家和地区，环保要求和法规越来越严格，为了满足这些要求和法规，川崎开发了新的个位数超低氮氧化物燃烧系统。此外，川崎随后将这项技术应用于其车队的其他发动机，以提高市场满意度，并为减轻环境负担做出贡献。

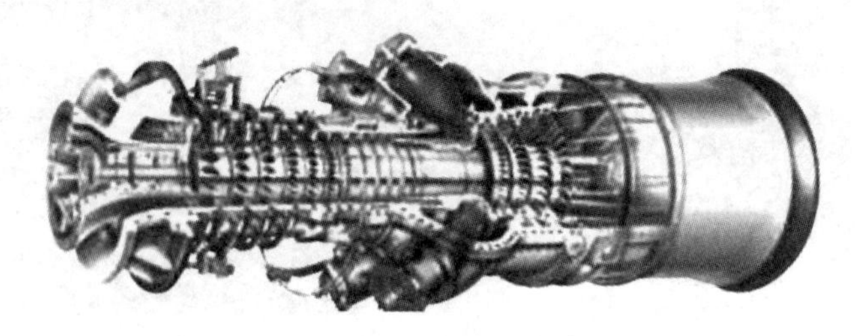

图 2－4　M7A－03 燃气涡轮发动机实物[42]

图 2－5　L30A 燃气轮机实物[42]

L30A：号称世界上最高效的 30MW 燃气轮机。2012 年 6 月，川崎重工推出了一款名为 L30A 的新型燃气轮机，作为其工业燃气轮机舰队的旗舰型号，如图 2－5 所示。基于川崎久经考验的设计技术，这台机器据说是世界上效率最高的 30MW 燃气轮机，具有极低的排放输出、高可靠性和可用性。此外，L30A 采用模块化系统设计，实现了出色的现场可维护性。L30A 能够为发电和机械驱动应用提供高度灵活的解决方案，最终解决方案通过率为 40.3%。

除主流发售燃气轮机产品外，川崎在全球安装了超过 7000 台备用燃气轮机发电机组，额定功率从 200kVA 到 6000kVA。因其出色的性能，川崎备用燃气轮机发电机组已被允许安装在互联网数据中心、医院和关键设施等，具有性能高、可靠性强、拥有低成本的燃气轮机解决方案、简单的维护双燃料能力、低噪声运行、低振动—无须冷却水—起动可靠性高、起动速度快、重量轻、节省空间等优点，便于运输和安装。

5. OPRA(荷兰)燃气轮机

欧普纳(OPRA)燃气轮机由 Jan 和 Hiroko Mowill 于 1991 年创立。Mowill 之前

曾在挪威一家大型工业集团领导燃气轮机部门。

在 RuhrGas(德国多尔斯腾)成功演示了 OP16 发电机组后，OPRA 燃气轮机于 2005 年出售了其第一套商业化的 OP16 燃气轮机发电机组。OPRA 燃气轮机继续推动世界能源转型，在全球范围内拥有超过 140 套燃气轮机发电机组，累计运行时间超过 200 万 h。

公司目前成熟燃气轮机产品仅 OP16 一款，但其在巴西等海外市场有较多的海洋平台应用案例，适用于天然气、柴油、油田伴生气、低热值燃料等多种燃料。2017 年 OPRA 被中国大连派思集团完全收购，从事 5000kW 以下燃气轮机整机生产并商业应用成功的中国民营企业。燃气轮机产品应用于油气田、海上平台、化工、食品、油轮、制药、工业园区等领域。

6. Ansaldo Energia

作为意大利著名的能源技术公司，Ansaldo Energia 在燃气轮机领域具有丰富的经验和技术专长。公司生产的燃气轮机产品涵盖了多种类型和规模，提供高效、可靠的解决方案，应用于发电厂、石油化工等领域。作为全球领先的供应商之一，Ansaldo Energia 提供了各种类型和规模的燃气轮机、蒸汽轮机和燃烧系统。

Ansaldo Energia 的主要产品系列如下。

AE94. 3A 燃气轮机：AE94. 3A 是 Ansaldo Energia 开发的高效、可靠的燃气轮机系列，广泛应用于电力、工业和石化领域，具有优秀的功率密度和部分负荷性能，适合多种应用场景。

AE64. 3A 燃气轮机：AE64. 3A 是一种中型燃气轮机，适用于工业应用和小型电力厂，具有高效性能、低排放和灵活运行的特点，适应性强。

STC－SH 蒸汽轮机：Ansaldo Energia 的 STC－SH 蒸汽轮机系列具有高效性能和可靠性，适用于发电厂和工业应用，可运行在不同的燃料类型和工况下，满足客户的需求。

除燃气轮机和蒸汽轮机外，Ansaldo Energia 也提供燃烧系统、发电设备、燃料递送系统等一系列相关产品和解决方案。公司致力于技术创新和研发投入，以提供高效、可靠、环保的能源解决方案。

Ansaldo Energia 的产品在全球范围内得到了广泛应用，并与世界各地的客户建立了长期合作伙伴关系，通过提供定制化的解决方案和全面的售后服务，满足客户的需求并帮助他们实现可持续的能源供应。

7. 三菱日立电力系统公司

三菱日立电力系统公司(Mitsubishi Hitachi Power Systems, MHPS)是日本三菱重工和日立制作所合资组建的公司，三菱日立电力系统公司主要专注于燃气轮机和蒸汽轮机等电力设备的设计、制造和销售，提供的产品和解决方案广泛应用于发电厂、化工厂、石油和天然气行业等领域。

三菱日立电力系统公司的主要产品系列如下。

H-25 系列：H-25 系列燃气轮机在中小型电力厂和工业领域得到了广泛应用，具有高效能、灵活性和可靠性，适用于多种燃料类型和运行模式。

J 系列：J 系列燃气轮机主要适用于大型电力厂和工业领域，具有高效率、低排放和长寿命等特点，能够满足不断增长的能源需求。

M501J 系列：M501J 系列燃气轮机采用最先进的技术和材料，具有出色的性能和灵活性，被广泛应用于发电厂和工业领域，为客户提供高效、可靠的能源解决方案。

除燃气轮机外，三菱日立电力系统公司还提供蒸汽轮机、发电设备、空气分离装置等一系列电力系统产品和服务。它们注重技术创新和研发投入，并致力于提供清洁、高效、可持续的能源解决方案。

2.2 国外燃气轮机研发能力总结

根据统计燃气轮机相关专利主要集中在美国、日本、德国、中国和俄罗斯。其中美国是当前最大的技术输出国，其优先权专利数量达到 15555 个专利组，占全球总量的 38%，处于绝对领先地位。燃气轮机主要由压气机、燃烧室、透平、排气段、控制系统和辅机系统等结构部件组成。

2010 年至今，燃气轮机相关技术共申请专利 13347 项，随着燃气轮机技术的发展和功率提高，为了保障高温、高压的工作环境以及满足低排放、长寿命、高可靠性的指标要求，燃气轮机相关研发主要集中在提高燃烧初温和提高热效率上，因而燃烧室排列、高温涂层、冷却结构设计等提高热效率和高温寿命的相关技术研发成为各国不遗余力投入的重点。此外，火焰筒与过渡段间的密封结构技术、采用联合循环和回热方式等提高燃气轮机余热利用以增强燃气轮机热效率的

技术也成为研究热点。美国企业的专利数量优势最为明显，GE公司拥有的专利数量最多(6033项)，其次是联合技术公司和三菱重工业株式会社。前10位专利权人的专利总量占燃气轮机全球专利的54.2%，该领域专利格局呈集中态势。由于燃气轮机通常是由航空发动机衍生出来而后独立发展的高技术产品，用于发电的重型燃气轮机技术主要掌握在GE、三菱重工和西门子手中，这些企业都有独立设计、试验、制造的多型号燃气轮机及专利产出。

近5年活跃度最高的公司是联合技术公司(40.1%)，专利总申请量为1750项。GE公司、三菱重工业株式会社和西门子公司的活跃度略高于20%，分别为21.7%、21.9%和23.6%。罗尔斯-罗伊斯航空发动机公司和阿尔斯通技术有限公司的活跃度略低于20%，分别为19.0%和19.2%。斯奈克玛航空航天公司的活跃度为13.6%。其他三家公司，如日立公司、石川岛播磨重工业公司和东芝株式会社的活跃度均在10%以下。

(1)全球范围内燃气轮机技术共计申请专利4万余项，从20世纪90年代以来，随着新材料、新工艺的普及推广，燃气轮机领域的专利申请进入高速增长阶段。美国、日本、德国、中国和俄罗斯5国专利量占全球申请总量的79%。

(2)美国、欧洲、日本既是重要的技术输出地，同时也是专利布局时最受关注的市场。此外，随着中国能源结构的调整和燃气轮机需求的快速增长，燃气轮机专利申请人对中国市场也给予了密切关注，国外来华申请的专利已超过在华专利申请的67%。虽然我国近年来专利申请量得到迅速增加，但核心技术缺乏，专利保护意识不够，国际市场竞争力弱。

(3)燃气轮机技术掌握在美国、日本、德国、法国等国的跨国企业中，这些龙头企业非常重视专利的资源效应，通过专利增强燃气轮机产品的技术竞争力，通过国际专利进行全球市场保护，抢占目标市场份额和产业发展制高点并垄断了燃气轮机全球市场。

(4)燃气轮机全球专利中，涉及燃烧室和透平两大热端部件的专利占较大比例，是整个燃气轮机设计研制的核心。此外，随着燃气轮机功率和进口初温的提升，降低能耗、成本及提高燃气轮机工作效率的相关技术得到了发展，先进高温材料技术、先进冷却技术研究及在拓宽燃料适应范围同时进一步降低NO_x污染物的排放是近来的技术热点。

2.3 国外燃气轮机加工制造能力

国外燃气轮机加工制造能力因不同国家和公司的技术水平和生产设施而异。在燃气轮机领域具有较强制造能力的国家和公司如下。

美国：全球燃气轮机制造领域的领先国家之一，拥有多家知名的燃气轮机制造商，如 GE 和西屋(Siemens Westinghouse)，它们在燃气轮机的设计、制造和技术方面都处于领先地位。

德国：燃气轮机制造领域的重要国家之一，西门子是一家总部位于德国的全球领先的燃气轮机制造商，在高性能和可靠性方面具有卓越的技术和制造能力。

日本：川崎重工是一家综合重工业公司，也在燃气轮机制造方面具有丰富的经验和实力，提供各种类型和规模的燃气轮机，并在全球范围内积极参与市场竞争。

英国：罗尔斯 - 罗伊斯(Rolls - Royce)是一家著名的航空和能源公司，在燃气轮机制造领域具有强大的技术实力，在高效性能、低排放和可持续发展方面进行了广泛研究和创新。

除上述国家外，其他国家如法国、意大利、中国等也有一些具有燃气轮机制造能力的公司。这些公司在技术研发、制造工艺和质量控制方面都不断发展和提升自己的实力，以满足全球市场的需求。

总的来说，国外的燃气轮机制造能力在全球范围内相当强大，各个国家和公司都在努力提高技术水平，提升制造能力，并为全球能源行业提供高效、可靠的燃气轮机产品[30-32]。

2.4 国外燃气轮机检验试验能力

国外的燃气轮机制造商和运营商通常具有丰富的燃气轮机检验试验能力，这些能力主要包括以下几个方面。

性能评估：燃气轮机制造商经常进行性能评估，以确保其产品符合设计要求和性能指标。通过在实验室或现场测试燃气轮机的性能参数来验证其性能表现，如输出功率、燃料效率、排放等。

可靠性测试：为了验证燃气轮机在长时间运行中的可靠性，制造商会进行可靠性测试。这些测试通常模拟燃气轮机在不同工况下的运行，如负载变化、环境条件变化等，以评估其在实际应用中的可靠性和稳定性。

耐久性测试：燃气轮机的耐久性测试是为了评估其在长时间运行和高温高压工况下的寿命和可靠性。这些测试通常包括高温运行、负载循环和高压测试等，以验证燃气轮机在恶劣条件下的耐久性。

排放测试：为了满足环保要求，燃气轮机通常需要进行排放测试。这些测试用于评估燃气轮机在各种负载和工况下的排放水平，包括 NO_x、CO_2、颗粒物等。这些排放测试通常符合相关的环保法规和标准。

故障模拟和故障诊断：燃气轮机制造商通常进行故障模拟和故障诊断测试，以评估其对各种故障情况的响应能力和诊断准确性。这些测试可以帮助制造商优化燃气轮机的设计和控制系统，提高其可靠性和故障排除能力。

总而言之，国外的燃气轮机制造商通常拥有广泛的检验试验能力，涵盖性能评估、可靠性测试、耐久性测试、排放测试及故障模拟和诊断等方面。这些能力帮助他们确保燃气轮机的性能、可靠性和环保性能，以满足客户的需求和相关法规要求。

2.5　国外燃气轮机检修维保能力

国外的燃气轮机制造商和服务提供商通常拥有丰富的检修维保能力，目的是确保燃气轮机的持续运行和性能表现。其能力范围如下。

定期检修：燃气轮机通常需要进行定期检修，以确保其正常运行并预防潜在故障。这些检修包括日常巡检、润滑油更换、过滤器更换等常规维护工作，以保持燃气轮机的良好状态。

大修和翻修：周期性的大修和翻修是确保燃气轮机长期运行的重要环节。在大修期间，会对燃气轮机进行全面的检查、清洗和维修，以及部件更换和重建。这些工作旨在恢复燃气轮机的性能和寿命。

故障维修：如果燃气轮机发生故障，国外的服务提供商通常能够提供快速响应和故障排除服务。他们拥有专业的技术人员和设备，能够迅速诊断问题并进行修复，以最小化停机时间和生产损失。

零部件供应：燃气轮机制造商和服务提供商通常维护庞大的零部件库存，涵盖各种型号和规格的零部件。这些零部件包括叶片、轴承、密封件等，可以及时供应给客户，以满足其替换和维修需求。

远程监控和诊断：许多国外的燃气轮机服务提供商还提供远程监控和故障诊断服务。通过远程连接和先进的监测系统，他们可以实时监测燃气轮机的运行状况，并进行故障诊断和预测，以提前采取维修措施。

培训和支持：为了帮助客户更好地操作和维护燃气轮机，国外的服务提供商通常提供培训和技术支持服务，具体包括操作培训、维护培训、故障排除指导等，以提高客户的能力和知识水平。

综上所述，国外的燃气轮机制造商和服务提供商通常具备全面的检修维保能力，包括定期检修、大修和翻修、故障维修、零部件供应、远程监控和诊断，以及培训和支持等。他们致力于确保燃气轮机的可靠性、性能和寿命，并提供及时的技术支持，以满足客户的需求。

第3章　国内燃气轮机机组现状

3.1　燃气轮机生产厂商介绍

3.1.1　中国航空发动机集团有限公司

中国航空发动机集团有限公司简称中国航发(AECC)，是中央直接管理的军工企业，下辖27家直属企事业单位，拥有3家主板上市公司，拥有包括7名院士200余名国家级专家学者在内的一大批高素质、创新型科技人才。中国航发秉承动力强军、科技报国的集团使命，致力于航空发动机的自主研发，建有多个国防科技重点实验室、创新中心，具有较强的科研生产能力，以及较为完整的军民用航空发动机、燃气轮机研发制造体系与试验检测能力。产品广泛配装于各类军民用飞机、直升机和大型舰艇、中小型发电机组，为我国国防武器装备建设和国民经济发展做出了突出贡献。

主要公司介绍如下：

1. 中国航发燃气轮机有限公司

中国航发燃气轮机有限公司于2019年4月28日正式成立。中国航发燃气轮机有限公司主要业务领域包括：燃气轮机的研发、制造、装配、试车、销售、维修保障以及售后技术支持，燃气轮机成套工程服务，燃气轮机技术研究，以及燃气轮机技术向其他领域的拓展等。2020年，中国航发燃气轮机有限公司实现营业收入9.39亿元，利润总额2023万元。

中国航发燃气轮机有限公司总部设在沈阳，拥有南方燃气轮机、成发科能、中航世新、京航发4家子公司，并在无锡、大庆设立了分公司，在北京设有销售服务中心、实验室等机构。

中国航发燃气轮机有限公司在全国分布式布局，通过IT管理平台来实现轻资产的运营模式。总部利用IT互联网支撑，设计整个公司的管理，建立统一的价值观和行为模式。

中国航空工业发展研究中心(以下简称ADR)提出，集团管控模式主要分为以下3类、5种：运营管控、战略管控(含战略指导管控、战略实施管控)、财务管控(含风险回避型财务管控、风险承担型财务管控)。总体上看，当前中国航发对中国航发燃气轮机有限公司的管控模式属于战略指导管控。

当前中国航发燃气轮机有限公司的业务管理，采用的是矩阵式管理的模式。对公司业务的各个产品研发项目，采用强项目管理模式，实施项目经理负责制。研发中心负责“三轻一重”民用燃气轮机产品(AGT-7、AGT-15、AGT-25和AGT-110)的研发，无锡分公司负责15MW级燃气轮机(基于单转子)和40MW级燃气轮机的研发。在技术研究方面，技术研发中心负责燃气轮机技术预研、基础技术开发，北京2021实验室负责燃烧室技术研究，无锡2022实验室负责燃气轮机控制系统技术研究。

2. 中国航发贵阳发动机设计研究所

中国航发贵阳发动机设计研究所(以下简称中国航发贵阳所)始建于1968年5月，隶属中国航空发动机集团有限公司，是我国航空发动机行业4家主机设计单位之一，主要从事中、小推力军用涡喷、涡扇发动机产品研发工作，是国家152家保军单位之一。主要承担战斗机动力、舰载机动力、无人机动力及教练机动力的关键技术研究。中国航发贵阳所作为多个涡喷、涡扇发动机型号的总设计师单位，始终遵循“奋发有为、开放融合、创新协调、产品卓越”的指导思想，拥有涵盖发动机各个专业领域、工程经验丰富的科研队伍，为国防武器装备建设做出了突出贡献。

3. 中国航空研究院

中国航空研究院的前身是1960年组建的国防部第六研究院。1960年12月，中央军委发文设立航空研究院，番号为国防部第六研究院，隶属国防部建制，在国防科学技术委员会领导下开展工作。后来，航空研究院陆续组建了包括航空主机、发动机、机载系统、飞行试验、材料与工艺等专业在内的近30个研究所，

构建了我国航空工业的科研体系。

1988 年 8 月，中国航空研究院成为航空航天部部属综合性科研机构，主要承担航空领域的基础研究、应用研究、型号发展技术攻关、大型试验和技术鉴定、有关新型号的研制生产，开展国际科技业务合作，并对院校科研和研究生工作实施组织管理。

中国航空研究院伴随着航空工业乃至整个国家的改革发展进程，经历了多次变革，管理部门多次调整。

中国航空研究院主要从事探索研究、预先研究、基础研究和重大关键技术演示验证等工作，研究范围聚焦于技术成熟度 1 ~ 6 级。上与高等院校联合开展技术成熟度 1 ~ 3 级的基础研究，下接企业技术成熟度 7 ~ 9 级的产品研制技术。

中国航空研究院专业能力主要集中在顶层研究、大型试验和技术基础 3 个部分。通过顶层研究，开展战略性、整体性研究，探索对航空装备发展具有全局性和长远性、对航空工业发展具有综合性和宏观性影响的重大技术；通过气动、结构强度等专业的基础技术研究和专业化大型试验，开展航空基础性领域研究；通过夯实标准、计量、情报、质量、适航、可靠性、档案和管理创新等技术基础能力，开展共用性领域的研究；通过各专业基础领域的研究和创新中心对总体、分系统技术的引领，开展前瞻性领域的研究。

4. 中国航空发动机集团有限公司沈阳发动机研究所

中国航空发动机集团有限公司沈阳发动机研究所(以下简称 606 所)地处沈阳市沈河区，创建于 1961 年 8 月 6 日，是国家批准的有权授予航空宇航推进理论与工程专业硕、博士学位的单位。

606 所是中华人民共和国第一个航空发动机设计研究所，是中国大型涡喷、涡扇航空发动机的研发基地，同时还承担着燃气轮机研发任务。2016 年 3 月，国家将“航空发动机及燃气轮机工业”列为国家计划实施的 100 个重大工程和项目之首，在 2020 年前，国家投入千亿元资金，支持航空发动机及燃气轮机产业的发展，606 所是主要承研单位。

航空发动机被誉为制造业“皇冠上的明珠”，是在高温、高压、高转速恶劣环境条件下长期反复使用的气动热力机械，是技术密集和知识密集的高科技产品。航空发动机研制具有难度大、风险高、周期长、费用多的特点，已成为一门逼近极限的综合性应用学科。

606所科研实力雄厚，拥有工程经验丰富的，涵盖空气动力、流体力学、工程热物理、强度、控制等近40个专业领域的科研队伍，高性能信息化网络系统，完善的发动机整机、零部件试验手段，配套的试制加工能力和可靠的质量保证体系。建所以来，先后研制了10多种型号的涡喷、涡扇发动机。2002年5月，“昆仑”发动机设计定型，标志着我国航空发动机实现了自行研制的历史转折，使我国成为世界上少数几个能独立自主研制航空动力的国家之一。2005年，“太行”发动机设计定型，2010年3月正式装备部队，对我国航空工业发展和空军武器装备建设具有重要意义。

5. 中国航发湖南动力机械研究所

中国航发湖南动力机械研究所（中国航发动研所/608所）成立于1968年3月，是我国唯一集型号研制及预先研究于一体的中小型航空发动机及直升机传动系统研究发展基地。研究所位于交通便利、风景秀丽的“全国文明城市”“国家卫生城市”和“长株潭”一体化主体城市——湖南省株洲市，2016年6月，株洲被评为中国最具幸福感的城市之一，中国航发动研所目前承担了40多个航空发动机和直升机传动系统等重点型号研制任务。

中国航发动研所是中华人民共和国教育部批准的具有博士和硕士学位培养权的单位，设有博士后科研工作站和湖南省院士工作站，拥有一支专业配套、结构合理、具有较强研发实力的科技人才队伍：中国工程院院士1人，享受国务院政府特殊津贴专家50余人，国家级、省部级专家60余人，高级工程师及以上人才近550人，博士和硕士学历人才1000余人。

建所以来，按照“探索一代、预研一代、研制一代、生产一代、保障一代”的思路，研制了我国第一台取得中国民用航空局型号合格证的涡桨发动机、我国第一型严格按国军标要求自主研制并交付使用的涡扇发动机、我国第一型自主创新研制且拥有完全自主知识产权的先进涡轴发动机，完成了30多型航空动力装置的设计定型/鉴定。先后获专利授权500余项，国家、省部级科学技术奖300余项，其中“玉龙”发动机获国家科技进步奖一等奖，是我国航空发动机单独申报取得的最高国家级奖项。

6. 中国航发四川燃气涡轮研究院

中国航发四川燃气涡轮研究院（简称中国航发涡轮院，代号624所），始建于

1965 年 4 月，隶属中国航空发动机集团有限公司。主要承担航空涡喷涡扇发动机型号研制，临近空间飞行器动力与新概念发动机等先进技术预先研究，以及航空发动机高空模拟试验与技术研究。

中国航发涡轮院秉承“国家利益至上”集团价值观，牢记“动力强军科技报国”集团使命，弘扬“务实创新担当奉献”集团精神，发扬“严慎细实精益求精”集团工作作风。其长期以来，坚定不移自主创新研制航空发动机，始终以预先研究和基础研究为先导，搭建了从预先研究通往型号研制的桥梁。其具备航空发动机产品自主创新研制能力与研发体系，拥有自行设计、自主创新研制先进航空发动机核心能力，探索了从预先研究到自主创新研制先进航空发动机产品的发展道路。其具备航空发动机整机、零部件及其系统的试验与验证能力。

中国航发涡轮院拥有研发中心与大型试验研究基地。研发中心与试验研究基地互相配套，研发中心为中国航发涡轮院的注册地，位于成都市新都区，拥有专业技术人员队伍，具备完整的数字化设计、制造、试验协同体系和一流的数值仿真能力。试验研究基地位于绵阳市航空城与江油市松花岭，拥有包括高空模拟试车台在内的多台套航空发动机实验设施，建成后将成为国际一流的航空发动机高空模拟试验基地。

建院以来，先后获得 95 全国十大科技成就奖 1 项，国家科技进步特等奖 1 项，国家级科技进步奖 22 项，省部级科技进步奖 210 余项，为国防科技工业和武器装备做出了重大贡献。

7. 中国航发北京航空材料研究院

中国航发北京航空材料研究院(以下简称航材院)成立于 1956 年 5 月 26 日，是主要从事航空先进材料应用基础研究、材料研制与应用技术研究和工程化技术研究的综合性科研机构，是国家科技创新体系的重要组成部分。现有 17 个材料技术领域 60 多个专业，覆盖金属材料、非金属材料、复合材料，材料制备与工艺，材料性能检测、表征与评价，提供标准化、失效分析和材料数据库等行业服务，拥有完整的材料、制造、检测技术体系和丰富的技术积累；持续实施科技创新和工程应用双轮驱动，现拥有 9 个国家级的重点实验室和工程中心，13 个省部级重点实验室和工程中心，6 个海外联合研究中心，4 条国家级生产示范线。航材院是国务院最早批准具有多学科硕博士学位授予权的科研单位，60 多年来持续打造“科学家的摇篮，工程师的沃土”，先后培养了 4 名院士、上百名国内知名材料专家和学术带头人，累积了2500多项科研成果和千余项专利。

3.1.2 中船重工龙江广瀚燃气轮机有限公司

中船重工龙江广瀚燃气轮机有限公司成立于2013年，公司依托于中国船舶重工集团公司第七〇三研究所，与国内外燃气轮机知名企业和相关配套供应商有着良好的合作关系，其使用的主要小型燃气轮机产品如表3-1所示。

表3-1 中船重工主要小型燃气轮机产品

序号	型号	功率/MW	燃料
1	GT25000	26	天然气/柴油

公司发展轨迹如下：

1961年7月，国防部第七研究院第三研究所成立。

1965年1月，第六机械工业部第七研究院第三研究所，燃气轮机专业设计室为第四研究室，第一和第二研究室(部分)为燃气轮机试验室。

1982年6月，中国船舶工业总公司第七研究院第七〇三研究所第四研究室成立。

1989年9月，中国船舶工业总公司第七研究院第七〇三研究所(第四研究室压气机组并入第一研究室)成立。

1995年3月，中国船舶工业总公司第七研究院第七〇三研究所第四研究室(第二研究室撤销)成立。

2000年4月，中国船舶重工集团公司第七研究院第七〇三研究所第四研究室成立。

2002年9月，中国船舶重工集团公司第七〇三研究所第四研究室成立。

2009年12月，整合中国船舶重工集团公司第七〇三研究所第一和第四研究室成立燃气轮机事业部。

2010年12月，哈尔滨广瀚燃气轮机有限公司成立。

2013年5月，中船重工龙江广瀚燃气轮机有限公司成立。

2020年9月，公司研制的海上平台用25MW双燃料燃气轮机GT25000发电机组交付中海油公司，GT25000燃气轮机技术来源于三菱重工H25燃气轮机。

3.1.3 哈尔滨电气集团有限公司

哈尔滨电气集团有限公司是中国最大的燃气轮机制造企业之一，也是世界上少数几家能够自主研发和制造大型燃气轮机的公司之一。该公司具有从设计、制造到安装调试等全产业链能力，产品涵盖多种型号和规格的燃气轮机，包括单机组和联合循环系统。哈尔滨电气集团生产多种类型的燃气轮机，包括航空燃气轮机、工业燃气轮机和集中供热燃气轮机。这些燃气轮机采用先进的技术和设计，具有高效率、低排放和可靠性强的特点。

哈尔滨电气集团主要的燃气轮机产品如下。

HRT 系列：是哈尔滨电气集团的重要产品线，包括多个型号和功率范围。这些燃气轮机具有高效率、低排放和可靠性强的特点，适用于大型电厂和工业用热领域。

HPT 系列：是哈尔滨电气集团的高性能燃气轮机产品线，其特点是效率高、灵活性和可靠性强。这些燃气轮机适用于分布式能源系统、城市供热和工业用途等。

ARN 系列：是哈尔滨电气集团的新一代高效燃气轮机产品，具有更高的功率密度和热效率。这些燃气轮机适用于城市供热、发电和工业用途等。

户外型燃气轮机：哈尔滨电气集团还生产户外型燃气轮机产品，具有紧凑、灵活、便携等特点，适用于野外、远程地区的电力供应需求。

3.1.4 上海和兰透平动力技术有限公司

上海和兰透平动力技术有限公司是一家专注于燃气轮机、蒸汽轮机和热电联产装置研发、制造和销售的企业，是上海联和投资有限公司投资控股的国有企业，2015 年成立，位于上海市嘉定工业区，该公司专注于燃气轮机和蒸汽轮机的设计、制造和销售，并提供相应的工程咨询、技术支持和售后服务。公司的产品包括燃气轮机、蒸汽轮机和热电联产装置。燃气轮机涵盖了多个型号和规格，适用于不同领域的能源利用。蒸汽轮机可以应用于发电厂、化工厂等领域，提供稳定可靠的电力和热能输出。热电联产装置将燃气轮机和蒸汽轮机相结合，实现高效能源利用，主要从事 10MW 以下小型燃气轮机及其成套产品的研发、生产和销售。公司拥有一支专业化与国际化的技术团队，成员来自中国科学院上海高等研究院及本领域国内外知名机构。公司拥有完整的开发能力、功能完备的试验台架，涵盖了总体设计、气动设计、结构设计、辅助系统设计、电气系统设计、装配与测试等能力。公司成立以来先后通过了 ISO 9001/APIQ1 质量管理体系认证，ISO 14001/ISO45001 环境、职业健康安全管理体系认证，具有完整的燃气轮机研发、生产制造和试验能力。公司先后与中电投、华电、协鑫等建立了合作关系，产品在国内外市场都有一定的影响力，广泛应用于发电、化工、冶金、石油化工等领域，满足不同客户的需求。

上海和兰透平动力技术有限公司主要的燃气轮机产品如下。

H－51 系列：H－51 系列燃气轮机采用先进的燃气轮机技术，并具有高效率、低排放和可靠性强的特点。适用于工业用途及发电站等领域。

H－77 系列：H－77 系列燃气轮机具有更大的功率范围和更高的效率，适用于各类发电站、工业厂房、冶金、化工和城市供热等领域。

H－100 系列：H－100 系列燃气轮机是一种高效节能的产品，具有较高的功率密度和灵活性，适用于分布式能源系统、工业用热和城市供热等应用。

兰肯系列：兰肯系列燃气轮机是上海和兰透平公司引进的德国兰肯公司的产品，采用先进的技术和设计，广泛应用于电力、石油化工、冶金和工业用热等领域。

3.1.5 新奥能源动力科技(上海)有限公司

新奥能源动力科技(上海)有限公司成立于 2013 年，专注于能源动力领域的研发、设计和销售。该公司致力于提供高效、可靠的能源解决方案，包括燃气轮机、蒸汽轮机、热电联产系统等。主要产品与服务是提供多种类型的轮机设备和解决方案。产品范围涵盖了燃气轮机、蒸汽轮机、余热锅炉、热电联产系统等。通过这些产品，公司致力于提供高效能源利用和低碳排放的解决方案。该公司拥有一支技术实力雄厚的研发团队，具备自主创新和设计能力。新奥能源动力科技公司的产品广泛应用于能源领域，包括发电、化工、冶金、石油化工、建筑等行业，为客户提供定制化的解决方案，以满足各种不同领域的能源需求。该公司提供全面的售前、售中和售后服务，包括设备安装、调试、运维支持等，致力于为客户提供专业、高效的服务，确保客户能够充分利用其提供的能源解决方案。该公司主要经营范围包括微小型燃气轮机、热能动力设备及其辅助系统研制，新奥

能源相关燃气轮机的主要缺点在于性能水平低于国际同类机组的水平，同时作为微型燃气轮机其采用筒形结构也使其失去了微小型燃气轮机功率密度方面的优势。

3.2　国内燃气轮机研发设计能力

在过去几十年中，美国、欧洲、日本等国家和地区政府长期投入大量研究资金，推进燃气轮机技术及其产业的较快发展。世界燃气轮机市场基本被这些国家和地区的公司垄断，其中，GE、西门子、三菱重工、安萨尔多占据了重型燃气轮机的主要市场份额，GE和罗罗等跨国公司主导了轻型燃气轮机全球市场。我国尽管“以市场换技术”在重型燃气轮机制造技术上取得了一定的进展，但是除了中国航发，其他公司仍然未掌握关键核心技术，燃气轮机产品还主要依赖进口。此外，国外燃气轮机企业以专利为武器，高筑专利围墙，使得国内相关产业发展受到制约。对此，我国紧密围绕能源革命和装备制造业发展新要求，国家发展改革委、国家能源局出台了《依托能源工程推进燃气轮机创新发展的若干意见》等多项推动燃气轮机创新发展的政策，通过消化吸收已引进的技术，加快突破关键技术瓶颈，培育自主知识产权的燃气轮机产业。国内在燃气轮机研发设计方面已取得了一定的能力和成就，一些主要能力和进展如下。

研发实力：中国拥有多家燃气轮机制造企业，包括哈尔滨电气集团、上海电气集团、东方电机等。这些企业在燃气轮机领域拥有雄厚的技术研发实力，具有从设计到制造的完整能力。

技术创新：国内燃气轮机研发设计能力不断提升，具备一定的自主创新能力。通过自主研发和引进消化吸收再创新的方式，国内燃气轮机在关键技术领域取得了一系列突破，包括涡轮机械设计、燃烧控制、废热回收等方面。

多种型号覆盖：国内燃气轮机研发设计能力逐渐实现了多种型号的覆盖。从小型燃气轮机到大型燃气轮机，从单机组到联合循环系统，国内企业能够提供多样化的产品和解决方案，满足不同领域和需求的燃气轮机使用。

技术合作与引进：国内燃气轮机研发设计能力得到了国际合作和引进技术的支持。通过与国外制造商合作，引进先进技术和设备，国内企业在燃气轮机设计上得以借鉴和吸收国际先进的经验和技术。

自主品牌推进：国内企业积极推进自主品牌燃气轮机的研发设计。国内企业不断提升自主品牌的技术水平和市场竞争力，加大对自主知识产权的保护和创新，提高国内燃气轮机的研发设计能力。

总体来说，国内燃气轮机研发设计能力已取得了一定的进展和成就，具备了从设计到制造的能力，并在关键技术领域进行了创新和突破。未来，随着技术的不断进步和经验的积累，国内燃气轮机研发设计能力将继续提升，在满足国内能源需求和应对环境保护等挑战方面发挥更大的作用。

3.2.1 国内燃气轮机研发能力

国内燃气轮机已具有主体研发、热部件研发、辅助系统研发、控制系统研发、双燃料系统研发、特种制造技术研发等研发能力。其拥有专业商业软件、二次开发软件、自行开发软件及研发数据库、试验数据库、研发图库。其可完成燃气轮机整机所有系统(总体、压气机、燃烧室、涡轮、强度、控制、测试、传动润滑、内流换热等专业领域)研发工作。同时其具有根据引进技术进行二次开发的能力，具有针对引进技术的机械系统(燃气发生器、动力涡轮、回转部件、核心热部件等)、软件系统(控制系统、监测系统、辅助系统等)进行拓展开发研究的能力。

5MW 以下级燃气轮机技术水平较落后，简单循环效率偏低。AGT－7 燃气轮机技术水平较先进，简单循环效率尚可，但与同等功率国际主流燃气轮机相比仍有差距。燃气轮机可靠性未完成一个完整大修期考核；排放指标超出 DB 32/3967—2021《固定式燃气轮机大气污染物排放标准》的要求；后期维护费用受轴承和热端部件寿命影响，可能会导致大修换件率偏高；新机价格短期内难以降低至市场接受水平。AGT－15 燃气轮机技术水平较先进，简单循环效率较高，与同等功率国际主流燃气轮机相当。燃气轮机可靠性未验证，仅经过台架测试；排放指标超出国家标准要求；后期维护费用和新机价格情况与 7MW 级燃气轮机相同。AGT－25 燃气轮机简单循环效率较高，与同等功率国际主流燃气轮机相当。燃气轮机可靠性经过初步验证；排放指标超出国家标准要求；后期维护费用和新机价格情况与 7MW 级燃气轮机相同。AGT－110 燃气轮机技术水平处于 E 级以上，与同等功率国际主流燃气轮机产品相当。燃气轮机可靠性经过初步验证；排放指标可

满足 DB 32/3967—2021 的要求；后期维护费用情况与7MW 级燃气轮机相同；新机价格接近市场价格水平。

未来发展方向如下。

1. 不断提高产品性能参数

为了提高燃气轮机电厂的整体效率，燃气轮机制造商一直在追求高参数的道路上不断突破，主要表现在燃气轮机大容量、高初温、高排放温度、高压比等方面。

2. 持续降低污染物排放水平

燃气轮机技术发展呈显著的低碳和低污染技术发展趋势。多年来，燃气轮机发电厂控制污染物排放的主要重点放在 NO_x 和 CO 上，即通过控制燃气轮机的燃烧过程来减少 NO_x 和 CO 排放。2019 年 GE 公司推出了 9E 燃气轮机的 DLN1.0 + 超低氮氧化物燃烧室改造方案，氮氧化物排放水平从原有的 $50mg/mm^3$（约为 325×10^{-6}）降低至 $15mg/mm^3$（约为 97.5×10^{-6}）。

3. 氢燃料燃烧技术快速发展

目前国外各大燃气轮机制造商都在攻关氢燃烧技术，三菱日立动力系统公司（MHPS）、GE 发电公司、西门子能源公司和安萨尔多能源公司等公司所开发的可燃烧 100% 氢燃料的大功率燃气轮机均已进入高速发展期。

4. 数字化燃气轮机电厂进入实际应用阶段

近几年来，数字化电厂旨在利用数字信息技术提升燃气轮机发电系统运行控制效率，开始逐步迈向实际应用阶段。各大燃气轮机主机厂纷纷提出了自己的数字化燃气轮机电厂技术解决方案。

代表单位如下。

中船重工 703 研究所：依据引进乌克兰技术，以 UGT25000 为基础进行燃气轮机（5～30MW）的整体研发工作。

中航工业 606 研究所：依据自产太行、昆仑航空发动机基础，进行燃气轮机（4MW 以上）的整体研发工作。

中航工业 608 研究所：依据 88 型航空发动机基础，进行燃气轮机（4MW 以下）的整体研发工作。

3.2.2 国内燃气轮机设计能力

国内燃气轮机已具备主体改进设计、部件改进设计、辅助系统改进设计、控制系统改进设计、双燃料系统改进设计、燃气轮机成套设计、燃气轮机工业设计、燃气轮机工艺设计、机电一体化设计等设计能力。可完成燃气轮机整机所有系统(总体、压气机、燃烧室、涡轮、强度、控制、测试、传动润滑、内流换热等专业领域)的改进设计工作。

代表单位如下。

中船重工703研究所：针对5~30MW船用发动机、燃气轮机进行改进设计、燃气轮机成橇设计、双燃料系统设计。

中航工业606研究所：针对4MW以上航空发动机、燃气轮机进行改进设计、双燃料系统设计。

中航工业世新公司：针对部分航空发动机及部分燃气轮机进行成橇设计、GE(GE10-1)进口燃气轮机进行国产成橇设计。

中航京航发公司：针对部分航空发动机及部分燃气轮机进行成橇设计。

中航工业黎明公司：针对自产4MW以上航空发动机及部分燃气轮机进行改进设计。

中航工业西航公司：针对15MW以上航空发动机及部分燃气轮机燃气发生器部分进行改进设计。

中航工业黎阳公司：针对4~15MW航空发动机及部分燃气轮机动力涡轮部分进行改进设计。

中航工业南航公司：针对4MW以下航空发动机及部分燃气轮机进行改进设计。

中航工业608研究所：针对4MW以下航空发动机、燃气轮机进行改进设计、双燃料系统设计。

中航工业南方燃气轮机：针对4MW以下部分燃气轮机进行成橇设计、Siemens(CGT100-400)进口燃气轮机进行国产成橇设计。

3.3　国内燃气轮机检验试验能力

国内燃气轮机已具有常规部件及核心热部件的无损检验、荧光检验、X光检验、晶相检测、数字模拟试验、拉伸及蠕变检验、喷嘴雾化试验、三坐标检验、等离子光谱检测、蜂窝结构检测、动平衡检测等设备及能力。拥有热部件试验室，可完成核心热部件(叶片、燃烧室)燃烧环境模拟试验。国内燃气轮机已具有2～80MW燃气轮机试验台，可完成燃气轮机单机空载、负载试验(带水力测功器、带推力测试器)，可完成成橇燃气轮机发电机组的空载、负载试验。

以中国航发为例，其目前拥有100余亿套风扇、压气机、燃烧室、涡轮、强度/寿命、机械系统、控制系统、防冰系统等零部件和100余台套系统试验器，能够基本满足航空发动机和燃气轮机主要零部件、系统、强度及部分特种试验需要。拥有燃气轮机试车台3座，在建2座(全状态全尺寸燃烧室试验器、卧式转子试验器等)，在建燃气轮机试验基地1座，拟建燃气轮机产业园区1个，可进行小、中、大档功率燃气轮机的性能、功能、加速寿命等各项试车。

3.4　国内燃气轮机检修维保能力

国内燃气轮机厂家已具备对国内自产燃气轮机、航空发动机进行定期检修、常规维保、返厂大修、应急检修的能力，但目前对国外燃气轮机检修能力不足。仅可完成国外燃气轮机厂家授权维修的个别机型的大、中、小修工作(曙光机械公司UGT6000、UGT25000由中船重工703所进行维修，备件自产；GE公司的GE10－1、中小型重型燃气轮机由中航世新维修，备件均需进口)。

以中国航发燃气轮机有限公司为例，公司及直属单位承担合同中涉及产品研发、制造、维修和保障等工作的售后服务，以保证售后服务管理的工作质量及要求，促进公司业务进展。产品售后维修服务工作遵照公司要求进行，检修流程分为整机分解检查、燃气轮机修理、装配、燃气轮机寿命性能分析、风险分析、存在的问题与措施、燃气轮机运行及检修方案、备件国产化情况。维修拆解流程与维修总装流程如图 3－1、图 3－2 所示。

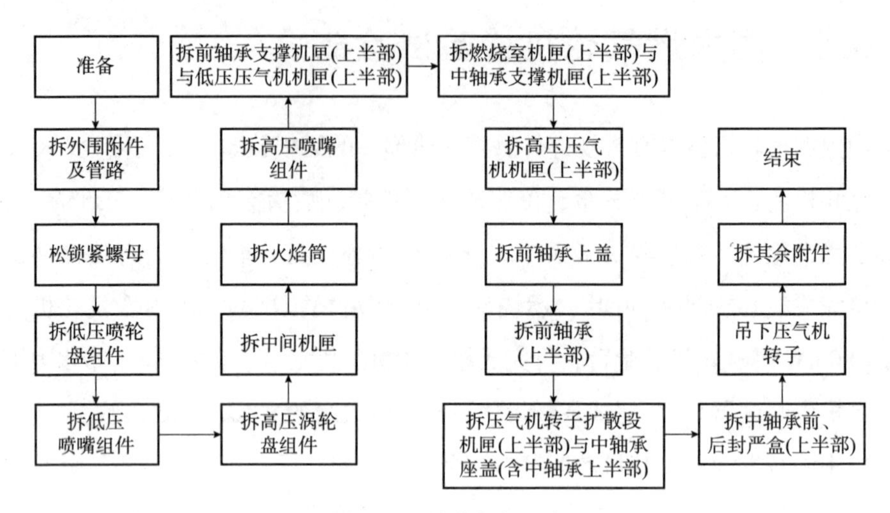

图 3－1　维修拆解流程

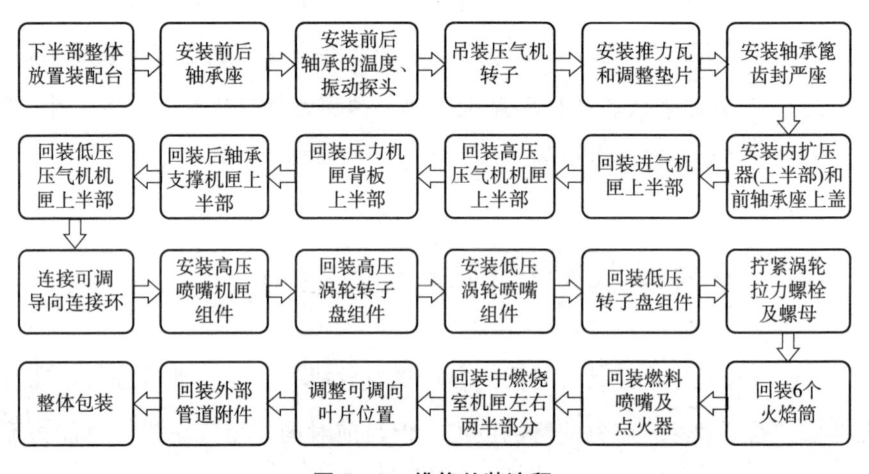

图 3－2　维修总装流程

同时遵循全生命周期管理原则，牢固树立全生命周期管理、主动售后服务意识，创新售后服务模式，建立健全售后服务体系，形成全过程、全生命周期的售后服务能力，满足用户需要。公司坚持以用户为关注焦点，全面构建从用户需求到用户满意的全过程售后服务能力。公司持续推进售后保障专业化、规范化、信息化和敏捷化，推动基于用户满意的持续改进，创造售后价值，满足售后服务作为新的经济增长点的战略发展需要。

3.5　国内厂家燃气轮机对比

对“中船重工集团”和“中航工业集团”两家国内燃气轮机厂家在燃气轮机研发设计、加工制造、检验试验、维保服务等方面进行了详细了解，表3－2所示为两家能力情况的对比结果。

表3－2　国内两家燃气轮机集团能力对比

项目	中船重工集团	中航工业集团
简介	中国船舶重工集团公司（简称中船重工，CSIC）由原中国船舶工业总公司部分企事业单位重组成立的特大型国有企业，是国家股权投资的机构和资产经营主体，主要从事海军装备、民用船舶及配套、非船舶装备的研发生产，是中国船舶行业唯一的世界500强企业。中船重工集团旗下仅703研究所进行燃气轮机的研发设计、加工制造、检验试验、维保服务等方面工作	中国航空工业集团公司（简称中航工业）是由中央管理的国有特大型企业，是国家股权投资的机构，主要有航空装备、运输机、发动机、直升机、机载设备与系统、通用飞机、航空研究、飞行试验、贸易物流、资产管理、工程规划建设、汽车等产业板块，是国内首家进入世界500强的中国航空制造企业和中国军工企业。中航工业发动机板块旗下世新、京航发、黎明、西航、黎阳、南航、南方燃气轮机进行航空发动机和燃气轮机的研发设计、加工制造、检验试验、维保服务等方面工作
研发能力	以船用发动机、乌克兰引进技术为基础进行燃气轮机研发。拥有完善的研发团队，针对船用、工业用G系列燃气轮机进行研发的能力	以航空发动机（昆仑、太行、88型）技术为基础进行燃气轮机的研发。拥有多个专业研发团队，针对航空用、工业用QD系列、QDR系列、DR系列燃气轮机进行研发的能力
设计能力	5～30MW船用（驱动）、工业用（发电）燃气轮机改进设计、燃气轮机成橇设计、双燃料系统设计、进口燃气轮机（UGT2500）成橇设计	0.6～30MW航空用（驱动）、工业用（发电、驱动）燃气轮机改进设计、燃气轮机成橇设计、双燃料系统设计、进口燃气轮机（GE10－1、CGT100－400）成橇设计
整机制造	5～30MW自产燃气轮机：燃气发生器、齿轮箱、动力涡轮	0.6～30MW自产燃气轮机：燃气发生器、齿轮箱、动力涡轮
零件制造	5～30MW自产燃气轮机所有零件加工	0.6～30MW自产燃气轮机所有零件加工
叶片制造	5～30MW自产燃气轮机低温实心叶片、高温空心叶片、叶片精密铸造、叶片精加工	0.6～30MW自产燃气轮机低温实心叶片、高温空心叶片、单晶定向叶片、叶片精密铸造、叶片精加工
燃料系统制造	5～30MW自产燃气轮机单双燃料喷嘴、单双燃烧室加工制造	0.6～30MW自产燃气轮机单双燃料喷嘴、单双燃烧室加工制造

续表

项目	中船重工集团	中航工业集团
成橇能力	5～30MW 自产燃气轮机成橇，进口燃气轮机(UGT25000)成橇	0.6～30MW 自产燃气轮机成橇，进口燃气轮机(GE10－1、CGT100－400)成橇
检验能力	常规部件检验、核心热部件检验、材料检验、动平衡检验	常规部件检验、核心热部件检验、材料检验、动平衡检验
试验能力	5～30MW 自产燃气轮机单机试验台(水力测功)5 个，成橇燃气轮机试验场 1 个	0.6～30MW 自产燃气轮机单机试验台(水力测功、推力测试、电涡流测试)数十个
维保能力	自产燃气轮机自主维修，进口燃气轮机(UGT6000、25000)大中小维修	自产燃气轮机自主维修，进口燃气轮机(GE10－1、中小型重型燃气轮机)大中小维修、进口燃气轮机[Siemens(CGT100－400)]A 类检修
市场情况	自产燃气轮机 GT25000 船用 5 台(与西航合作)，中石油西气东输 3 台(与哈汽合作 2015 年交付)，中石油西气东输 2 台(自产 2016 年交付)	自产燃气轮机 QD70 船用数台套。QDR20 工业应用 160 台套，进口燃气轮机国内成橇 QD100(核心机GE10－1)工业应用 19 台套，进口燃气轮机国内成橇 QDR70(核心机 CGT100)工业应用 16 台套、QDR129(核心机 CGT400)工业应用 4 台套
管理能力	研发、制造、市场三位一体管理模式，政府机构、军品机构、企业机构、民营单位合作共赢，同步发展	研发、制造、市场内部分管、共同合作管理模式，政府机构、军品机构、企业机构合作发展
市场化意识	相同燃气轮机机型军品、民品同步发展，市场定位准确，未来放在海油	不同机型军品、民品同步发展，广泛推广工业用燃气轮机。军品订单饱满，民品推广不足

由于各燃气轮机厂家分工不同，主要生产厂商业务如表 3－3 所示。

表 3－3　各生产厂商业务

项目	中船重工集团	中航工业集团	中海动科公司
厂家情况	中船重工集团旗下仅 703 研究所进行燃气轮机的研发设计、加工制造、检验试验、维保服务等方面工作	中航工业发动机板块旗下世新、京航发、黎明、西航、黎阳、南航、南方燃气轮机进行航空发动机和燃气轮机的研发设计、加工制造、检验试验、维保服务等方面工作	从事石油、天然气、煤炭、煤层气勘探、油田钻采工程技术开发、服务等方面工作。专项负责国内燃气轮机工业化应用推广

本书对中船重工 703 研究所、中航工业(世新、京航发、黎明、西航、黎阳、南航、南方燃气轮机)各燃气轮机厂家分别进行调研，各燃气轮机厂家能力情况对比如表 3－4 所示。

表3－4　国内主要燃气轮机厂家能力对比

项目	中船重工集团	中航工业集团						
	703 研究所	世新	京航发	黎明	西航	黎阳	南航	南方燃气轮机
研发能力	以船用发动机、乌克兰引进技术为基础进行燃气轮机研发	依托中航606所，以自产太行、昆仑航空发动机技术为基础进行燃气轮机研发				依托中航608所，以航空发动机技术为基础进行燃气轮机研发	依托中航608所，以88系列航空发动机技术为基础进行燃机研发	依托中航608所，对QD-R20机型进行针对性研发
设计能力	5～30MW船用发动机、燃气轮机改进设计、燃气轮机成橇设计、双燃料系统设计	部分国产燃气轮机成橇设计、GE10－1进口燃气轮机成橇设计	部分国产燃气轮机成橇设计	4MW以上航空发动机、燃气轮机改进设计	15MW以上航空发动机、燃气轮机改进设计	4~15MW航空发动机燃气轮机改进设计	4MW以下直升机用航空发动机、燃气轮机设计	部分国产燃气轮机成橇设计、SIMENS（CGT100－400）进口燃气轮机成橇设计
整机制造能力	5～30MW自产燃气轮机：燃气发生器、齿轮箱、动力涡轮	无（中航工业板块划分，不在本公司进行）		4MW以上自产燃气轮机：燃气发生器、齿轮箱、动力涡轮	15MW以上自产燃气轮机：燃气发生器	4~15MW自产燃气轮机：燃气发生器，部分燃气动力涡轮	4MW以下自产燃气轮机：燃气发生器，燃气动力涡轮	针对QD-R20进行机匣、常规部件制造
零件制造能力	5～30MW自产燃气轮机所有零件加工	部分燃气轮机部分常规零件加工		4MW以上自产燃气轮机所有零件加工	15MW以上自产燃气轮机燃气所有零件，为GE、R&R等代加工燃气轮机零件	4~15MW自产燃气轮机所有零件加工	4MW以下自产燃气轮机所有零件加工，为SNECMA、PWC代加工航空发动机零部件	针对QD-R20进行部分常规零件加工

续表

项目	中船重工集团	中航工业集团						
	703研究所	世新	京航发	黎明	西航	黎阳	南航	南方燃气轮机
叶片加工制造能力	5~30MW自产燃气轮机低温实心叶片、高温空心叶片加工制造	无（中航工业板块划分，不在本公司进行）		4MW以上，自产燃气轮机低温实心叶片加工制造	15MW以上自产燃气轮机低温实心叶片、高温空心叶片加工制造	4~15MW自产燃气轮机低温实心叶片、高温空心叶片、定向单晶叶片加工制造	4MW以下自产燃气轮机低温实心叶片、高温空心叶片、定向单晶叶片加工制造	无（中航工业板块划分，不在本公司进行）
燃料系统加工制造能力	5~30MW自产燃气轮机单双燃料喷嘴、单双燃烧室加工制造	无（中航工业板块划分，不在本公司进行）		4MW以上自产燃气轮机单、双燃料喷嘴、燃烧室加工制造	15MW以上自产燃气轮机单燃料喷嘴、燃烧室加工制造	4~15MW自产燃气轮机单燃料喷嘴、燃烧室加工制造	4MW以下自产燃气轮机单、双燃料喷嘴、燃烧室加工制造	无（中航工业板块划分，不在本公司进行）
成橇能力	5~30MW自产燃气轮机成橇，UGT25000进口燃气轮机成橇	部分燃气轮机成橇、GE10-1进口燃气轮机成橇	部分燃气轮机成橇	无（中航工业板块划分，不在本公司进行）				部分燃气轮机成橇、Siemens（CGT100-400）进口燃气轮机成橇
检验能力	常规部件检验、核心热部件检验、材料检验、动平衡检验	常规部件检验		常规部件检验、核心热部件检验、材料检验、动平衡检验				常规部件检验
试验能力	本部5~30MW自产燃气轮机单机试验（水力测功），无锡分部成橇燃气轮机试验	无（中航工业板块划分，不在本公司进行）		4MW以上自产燃气轮机单机试验（水力测功）	15MW以上自产燃气轮机单机试验（水力测功）	4~15MW自产燃气轮机单机试验（推力测试）	4MW以下自产燃气轮机单机试验（水力测功）	QDR20机组单机试验（电涡测试）

续表

项目	中船重工集团	中航工业集团						
	703研究所	世新	京航发	黎明	西航	黎阳	南航	南方燃气轮机
维保能力	自产燃气轮机自主维修，进口燃气轮机（UGT6000、UGT 25000）大中小维修	部分中航工业燃气轮机自主维修，GE10-1、中小型重型燃气轮机维修，备件进口	部分中航工业燃气轮机自主维修，进口燃气轮机未进行维修	自产燃气轮机自主维修，进口燃气轮机未进行维修	自产燃气轮机自主维修，曾成功修理R&R进口燃气轮机	自产燃气轮机自主维修，进口燃气轮机未进行维修		QDR20自主维修，Siemens（CGT100-400）机组A类检修，备件进口
市场情况	GT25000船用30余台套（与西航合作），中石油西气东输3台（与哈汽合作2015年交付），中石油西气东输2台（自产2016年交付）	QD100中石油海外油田19台套（燃气轮机GE进口，国内成橇）	数台船用	工业用燃气轮机无销售业绩（中航工业板块划分，不在本公司进行）				QDR20工业用燃气轮机（热电联供）160台套，燃气轮机Siemens进口，国内成橇20台套
管理能力	研发、制造、市场三位一体管理模式，政府机构、军品机构、企业机构、民营单位合作共赢，同步发展	负责成橇制造及成橇产品市场推广		负责航空发动机及燃气轮机制造，根据订单进行工作，军品订单饱满，民品推广不足				负责成橇制造及成橇产品市场推广

第4章　国内外燃气轮机对比与国产燃气轮机使用情况

4.1　国内外燃气轮机对比

对国内外燃气轮机在以下几个方面进行对比。

技术水平：国外的燃气轮机制造商具有较高的技术水平和先进的设计能力。他们在燃气轮机的材料、制造工艺、控制系统等方面进行了持续的研究和创新，使其在性能、效率和可靠性方面处于领先地位。而国内的燃气轮机制造商在技术上仍有一定差距，但近年来也在不断努力提升自身的研发实力。

产品范围：国外的燃气轮机制造商通常拥有更广泛的产品线，涵盖不同功率范围和应用领域。他们能够提供多种型号和配置的燃气轮机，以满足客户不同的需求。而国内的燃气轮机制造商在产品范围上相对较窄，主要集中在较小功率和工业应用领域。

成本和价格：国外的燃气轮机价格较高，这部分归因于其先进的技术和高品质的制造。国内的燃气轮机在一些型号和配置上有竞争力的价格优势，但在某些高端产品上仍存在一定差距。此外，由于国内燃气轮机制造商更接近市场，所以在维修和售后保障等方面可能提供更具竞争力的价格和服务。

本地化和供应链：国外的燃气轮机通常需要进口到国内使用，这涉及一系列的本地化和供应链问题，如安装、调试、维修和支持等。相比之下，国内的燃气轮机制造商可以更好地适应本地市场需求，提供本土化的销售、服务和支持，减少了对外部供应链和支出的依赖。

总体而言，国外的燃气轮机制造商在技术水平和产品范围上相对较强，但价

格较高；国内的燃气轮机制造商在一些低功率和工业应用领域具有一定竞争力，同时提供本土化的销售和服务支持。选择何种燃气轮机应根据具体需求、预算和项目要求等综合因素进行评估和比较。

目前，世界上燃气轮机主要生产厂家有 GE、Solar、Siemens、RR 等几家大公司，这些厂家具备多型号燃气轮机研制及生产的能力，已建立起科学、完整和系统的燃气轮机研发生产体系。它们的产品型号种类多，功率覆盖范围广，应用遍布多领域，垄断了世界燃气轮机数量的 80% 以上。如今，国外燃气轮机产业化水平已相当高，完全实现了通过燃气轮机通用化、标准化、系列化发展来迅速占领市场的发展模式[10]。

目前，国内海上平台及陆岸终端共有各型燃气轮机机组 174 台套，全部依赖进口。由于缺少国内替代资源，海上平台燃气轮机发电机组逐步形成美国 Solar 公司、德国西门子公司和美国 GE 公司等少数几家国外厂家垄断市场的态势。这些厂家掌握海上平台用双燃料燃气轮机发电机组的设备供货、维修保养、产品定价等话语权，造成设备使用和维护成本居高不下，一旦产生利益冲突，将直接威胁到海上平台的电力供应，进而对油气生产造成极大影响。

与国外相比，我国燃气轮机技术发展缓慢，现已大大落后于国际先进水平。近年来，为响应国家发展改革委关于海洋工程装备产业的战略部署，加快推进海洋工程装备发展，加强关键配套系统和设备技术研发及产业化，提升配套水平，重点开展大型平台电站、燃气动力系统的技术研发，海上平台用双燃料燃气轮机发电机组国产化研制已迫在眉睫。为打破国外燃气轮机领域的垄断地位，降低维修和备件费用，保证国家能源安全，努力提高国产化燃气轮机研制水平，须调研大量国外先进的燃气轮机机组相关文献资料，并通过消化—吸收—改进的方式创新设计出具有自主知识产权的双燃料燃气轮机发电机组，使国产化燃气轮机在研发生产体系上实现质的飞跃。

发达国家借助技术优势和综合国力开发了从几十千瓦到几十万千瓦不同功率等级的燃气轮机应用于军民领域，技术已趋于成熟，技术模式趋于固化，建立了通用燃气轮机标准，在市场应用及商品化发展方面颇具规模。

以美国 Solar 公司为例，有半人马、金星、水星、火星、土星、大力神等型号的系列产品。其代表型号 Taurus60、Taurus70、Taurus130 已在我国海洋工程装备的燃气轮机中占据主导地位。

国外燃气轮机技术发展成熟，海上平台用的燃气轮机主要由西方发达国家生产供应，如英国RR公司的RB211，美国GE公司的PGT25、LM2500、LM2500+、LM2500+G4，西门子公司的SGT-400，以及Solar公司的Titan250等。这些国家具备自主研制生产海上平台燃气轮机关键动力装备的技术和生产实力，已建立了科学、完整和系统的研发生产体系，主要体现在以下几个方面。

(1)技术先进，设计体系完善，机组性能不断改进，在推出新产品的同时，各大公司不断提高原有机组的性能。

(2)机型种类多，功率覆盖范围大。各大燃气轮机公司都有系列化的燃气轮机，其功率覆盖了从几兆瓦到几十兆瓦的范围。

(3)工业应用广泛，机组可靠性高。各大公司燃气轮机在石油、化工及天然气领域都有着广泛的应用，机组累计运行时间在百万小时以上，可靠性得到了充分验证。

总之，垄断燃气轮机核心技术的少数几家公司技术体系完备，科研实力雄厚，在积累燃气轮机应用经验的同时，不断进行技术升级，并逐步将新技术应用于海洋工程等领域。

我国的燃气轮机产业发展开始于20世纪50年代末。产业分散在航空、航天、机械、兵器、舰船、石化、煤炭等多个工业系统，这些燃气轮机设计、制造、运行单位分属不同体系。因为多种原因，我国燃气轮机产业发展缓慢，技术与国外有较大差距。目前，国外已经发展了三代燃气轮机，正全力研制第四代高效燃气轮机，而我国的机组多数停留在第二代水平，部分第三代机组的核心部件也是由国外企业提供。

国内已建成的燃气轮机电站、增压站大部分使用国外机组或国内外合作机组，只有隶属中航的QD128、QD168发电机组，隶属中船重工的CGT25增压机组为国内自行设计且有运行业绩的机组。

在船用领域，中船重工研制的船用25MW燃气轮机已得到大量应用；中航的一型航改机，也正在进行装船试用。

在航空动力领域，中航自行研制了昆仑、太行、泰山等发动机，已得到应用。

而海洋工程领域所用的燃气轮机多属于轻型燃气轮机，国内目前没有成熟的、能够实现核心机国产化的海洋工程发电机组用燃气轮机，如东方DF1-1、

渤南 BN26－2、蓬莱 PL19－3 等均为进口机组。但一些燃气轮机企业已具备了研制海洋工程发电机组用燃气轮机的能力。同时，国内的燃气轮机企业已开展了不同程度的工作。例如，国内企业总包、集成供货以 UGT6000 为主机的燃气轮机发电机组，用于中海油东方终端和涠洲终端；国内企业总包、集成供货以 SGT－400 机组为核心机的燃驱压缩机组，用于中海油宁波终端；这种选用进口机组，其余设备国内集成供货的模式，有利于国内企业积累海洋工程经验，也有利于打破国外企业集成供货、一家独大的垄断局面。

对比国内外海洋工程发电机组用燃气轮机的技术现状及其商业模式，不难发现以下几种情况。

(1) Siemens、Solar、GE、RR 等公司，均有可用于海洋工程发电机组的燃气轮机机型。

(2) 国内尚无具有自主知识产权、可用于海洋工程的燃气轮机。

(3) 国外燃气轮机厂商运用低价销售、高价维保的商业模式围剿国内正处于起步阶段的海洋工程发电机组用燃气轮机，并已经控制了海洋工程的燃气轮机市场。而采用市场化技术获得先进制造技术，核心技术和研发技术均未能实现。海洋工程发电机组用燃气轮机在主机的供应、销售及后期设备维修备件等方面受制于人。

因此，加强自行研制、保持自主知识产权、装备制造逐步国产化才是燃气轮机及海洋工程用燃气轮机发展的必由之路。

4.2 国内外燃气轮机成橇的产品对比分析

海油应用工业化燃气轮机均为轻型燃气轮机，国产燃气轮机厂家主要生产轻型燃气轮机，国内轻型燃气轮机厂家与国外厂家对比如表 4－1 所示。

表 4－1 国内外轻型燃气轮机厂家对比

对比项目	国外燃气轮机情况	国内燃气轮机情况
研发设计	20 世纪 20 年代开始进行燃气轮机的研发设计工作，制定详细的燃气轮机发展思路和市场规划，通过大量的资金投入和试验数据摸索出完善的燃气轮机研发设计理念和燃气轮机制造工艺及技术要求，并最终形成燃气轮机工业化产业	20 世纪 50 年代开始仿制国外燃气轮机，结合自身条件进行改进研发，形成自主知识产权的国产燃气轮机。但由于组织不力、投入不足，我国至今仍未形成真正意义上的燃气轮机工业化产业。目前可完成部分功率等级燃气轮机自主研发

续表

对比项目	国外燃气轮机情况	国内燃气轮机情况
加工制造	基础工业起步较早，在材料、冶金、锻造、铸造、加工精度等方面拥有领先的技术水平。通过强大的基础工业支持，不断实现燃气轮机开发突破	基础工业起步较晚，无法通过先进的技术将国内丰富的资源有效利用。在材料、冶金等方面都不能满足工业化应用要求。目前部件加工可以满足国产燃气轮机制造要求
热部件	通过材料、冶金方面基础工业支持和先进的科学技术，核心热部件耐温能力已突破 1900K	由于材料、冶金方面基础较差，通过科学技术的弥补，国内核心热部件耐温能力已达到1700K。目前燃气轮机热部件温度需求低于1700K，国产热部件可以满足燃气轮机使用需求
市场情况	国外燃气轮机厂家面对全球化市场，以先进的设计理念、制造技术抢占全球市场。形成高投入—大市场—高收益的良性循环，不断促进燃气轮机工业化产业发展	国内燃气轮机市场广阔，由于燃气轮机整体工况较国外燃气轮机差，造成大量市场被占据。国产燃气轮机起步不晚但进展缓慢，基础尚可，但力量分散，仍未形成燃气轮机市场化规模

国内外燃气轮机的差距对比如表 4－2 所示。

表 4－2　国内燃气轮机与国外燃气轮机差距

表现问题	根本问题
机组大修时间较短	机组研发设计缺乏投入
机组运行经验不足	机组试验经验不足
双燃料系统不完善	材料、冶金基础工业较差
核心热部件合格率低、最高耐温(1700K)不高	未形成燃气轮机工业化产业

2MW 级小型燃气轮机对比如图 4－1 所示。

图 4－1　2MW 级小型燃气轮机结构对比

从图4-1中可以看出，上海和兰透平动力技术有限公司采用的燃气轮机机组的结构形式与各厂家均不相同。这也从另一角度说明上海和兰透平动力技术有限公司的研发设计能力和自主的知识产权。

国产小型燃气轮机与国外同级别燃气轮机性能指标对比如表4-3～表4-8所示。

表4-3　100kW等级国内外机组对比

燃气轮机厂商	型号	发电功率/kW	发电效率/%	燃料
和兰透平	ZK100	100	29	天然气/柴油
新奥动力	E150R	150	17	天然气/柴油

表4-4　1.2MW等级国内外机组对比

燃气轮机厂商	型号	发电功率/kW	发电效率/%	燃料
和兰透平	ZK1200	1250	17	天然气/柴油
Solar Turbines	Saturn 20	1200	24.3	天然气/柴油

表4-5　2MW等级国内外机组对比

燃气轮机厂商	型号	发电功率/kW	发电效率/%	燃料
和兰透平	ZK2000-1A	1800	25	天然气/柴油
新奥动力	E2100	2090	20.5	天然气/柴油
中航发燃气轮机	QD20	2000	23	天然气/柴油
OPRA	OP16-3A	1850	24	天然气/柴油
OPRA	OP16-3B	2000	24	天然气/柴油
OPRA	OP16-3C	2000	24	天然气/柴油
Kawasaki	M1A-17	1700	26.9	天然气/柴油
Kawasaki	M1A-17D	1700	26.9	天然气/柴油

表4-6　7MW等级国内外机组对比

燃气轮机厂商	型号	发电功率/kW	发电效率/%	燃料
中航发燃气轮机	QD70	7000	30	天然气/柴油
Kawasaki	M7A-02D	6740	30.3	天然气/柴油
Kawasaki	M7A-02	6800	30.3	天然气/柴油
Kawasaki	M7A-03D	7450	33.6	天然气/柴油
Kawasaki	M7A-03	7440	33.6	天然气/柴油

续表

燃气轮机厂商	型号	发电功率/kW	发电效率/%	燃料
Siemens	SGT - A05 AE 6MW	6600	33.2	天然气/柴油
Siemens	SGT - 300 7.9MW	7900	30.6	天然气/柴油
Solar Turbines	Taurus 65	6300	32.9	天然气/柴油
Solar Turbines	Taurus 70	8000	34	天然气/柴油

表 4 –7　12MW 等级国内外机组对比

燃气轮机厂商	型号	发电功率/kW	发电效率/%	燃料
中航发燃气轮机	QD128	11500	27.7	天然气/柴油
Siemens	SGT - 400 11MW	10400	34.8	天然气/柴油
Solar Turbines	Mars 100	11400	32.9	天然气/柴油

表 4 –8　18MW 等级国内外机组对比

燃气轮机厂商	型号	发电功率/kW	发电效率/%	燃料
中航发燃气轮机	QD185	17500	36.5	天然气/柴油
Kawasaki	L20A	18420	34.2	天然气/柴油

4.3　国内外 25MW 机型对比

随着海洋油气勘探技术的发展，我国越来越多地采用区域开发的方式开发油田群，包括渤中油田群、曹妃甸油田群，以及未来的蓬莱油田群、南海东方油田群等。这些油田群在电力供应上采取电力组网模式，利用中心平台上的发电机组集中供电管理，这些中心平台发电机组的规划多为单机 20 ~ 25MW。

4.3.1　GE 公司 PGT25 + 机组

PGT25 系列燃气轮机是由 GE 能源集团公司研制的 LM2500 系列燃气轮机的航改燃气发生器和 GE 能源石油与天然气公司的工业用动力涡轮组成，是一种用于机械驱动和发电的航改型高效燃气轮机。

PGT25 系列的燃气发生器是一个单转子航改燃气发生器，它由 16 级轴流压气机(PGT25 +，PGT25 + G4 为 17 级，在原有基础上增加了零级)、环形燃烧室

和两级涡轮组成。

PGT25 + 燃气轮机是 PGT25 的第一种改进型，采用了 LM2500 + 功率增大型燃气轮机的燃气发生器，压气机级数改为 17 级，压比增加，额定功率增加到 30MW 级，效率增加到约 40%，排气流量有所增加，动力涡轮设计转速调整到 6100r/min。PGT25 + 燃气轮机的示意如图 4 – 2 所示。

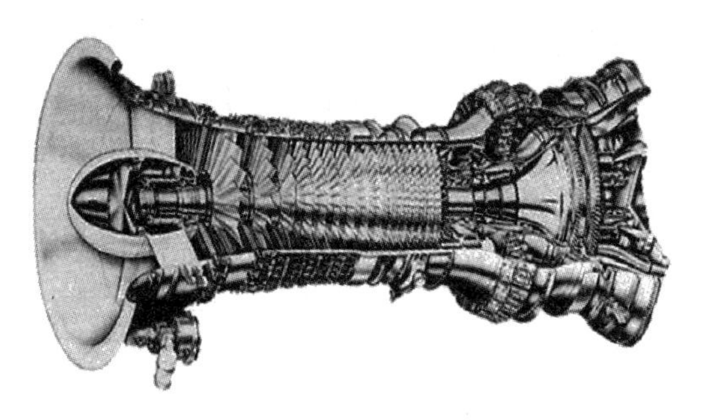

图 4 – 2　PGT25 + 燃气轮机示意

PGT25 + G4 燃气轮机是 PGT25 目前的最新改进型，采用了 LM2500 + G4 型燃气轮机的燃气发生器，压气机级数为 17 级，压比增加到了 24.2，额定功率增加到 34MW 级，可使用贫燃预混 DLE 燃烧系统，使得效率进一步提高。排气温度为 510℃，排气流量增加到 89kg/s，动力涡轮设计转速为 6100r/min，维护性和实用性进一步提升。

1. 进气装置

喇叭口环形进气道，中心有整流锥。

2. 压气机

PGT25 为 16 级压气机、PGT25 + 和 PGT25 + G4 为 17 级。压气机转子为轮毂/轮盘结构带圆周楔形结构，采用轮毂设计可使多级叶片安装到单段转子上。进口导流叶片和前 6 级（PGT25 + 和 PGT25 + G4 为前 7 级）静叶片可调。其角位移随压气机进口温度和转速的变化而变化，该特性连同修正过的限速器使得压气机在整改运行范围内无失速运行。从 9 级（PGT25 为 8 级）叶片尖部环行区内抽出的放气用于使油箱加压和冷却。由压气机前后轴支撑的一个空气管道把第 9 级（PGT25 为 8 级）空气顺转子中心导出，用于油箱密封的加压。第 9 级叶片抽出的放气用来冷却透平中间机架及动力涡轮叶片。压气机第 9 级和 16 级（PGT25 为 8、15 级）的放气可外供。PGT25 系列压气机前后机匣材料均为 M152 钢，第 1 ~ 14

级静子叶片及轮盘由 Ti－6Al－4V 制成，第 15、第 16 级转子叶片和第 3～16 级静子叶片材料为 A286，第 11～13 级轮盘和排气机匣材料为 In718。

3. 燃烧室

环形燃烧室由 4 个铆焊一起的部件组成：整流罩(扩散器)组件、圆顶帽、内衬和外衬。整流罩组件在整个运行范围内向燃烧室提供均匀的空气流实现均衡燃烧，并使得在涡轮部分温度分布均匀。圆顶帽内有 30 个轴向涡流杯(在燃料喷嘴的顶部)，使得火焰稳定并使燃料与空气混合。燃烧室采用 2 个高等点火器，旋流器可以从外部拆下，圆顶帽的内表面用冷却空气薄层保护免受燃烧的高温。负载旋流器上文丘里管状的短管可防止燃料喷嘴尖上积碳，燃烧室衬里可免受高燃烧温度的伤害，冷却空气进入每个环内间隔很密的孔，这些孔有助于火焰偏离中心并使燃烧空气均衡。火焰筒壁面采用气膜冷却，在内、外衬上进行冲淡操作，进一步混合以降低涡轮入口的气体温度，在内、外衬后端的燃烧室/涡轮喷嘴空气密封会防止温度升高时过多的空气泄漏。PGT25 系列用 HastelloyX 和 Hayness188 材料制造。过渡段用 In718、Rene41 和 HastelloyX 材料制成。

4. 燃气发生器涡轮

透平喷管把热气体从燃烧室直接导向呈最佳角度和速度的转子叶片。涡轮转子的前端由轴承支撑在压缩机转子后轴上。转子的后部受涡轮中间框内的轴承支撑。涡轮转子包括一个前向圆锥轴，两个带叶片和定位圈的轮盘，一个圆锥形转子隔套，隔热罩和一个支撑轴。这两级涡轮所有的工作叶片和导向器叶片均采用气冷设计并敷设有涂层以便耐腐蚀、侵蚀和氧化。首级涡轮喷嘴组件的主要部件为喷嘴支撑件、喷嘴、内密封、外密封以及挡板，而第 2 级喷嘴组件则包括喷嘴、喷嘴支撑件、第 1 和第 2 涡轮护套和级间密封。

5. 动力涡轮

动力涡轮为 2 级轴流式。工作叶片材料为镍基高温合金，导向器叶片材料为钴基高温合金，与用于重载燃气轮机的材料相同。PGT25 系列动力涡轮的轮盘和机匣材料为 A470B，轴材料为 Gr－Mo 合金钢。PGT25＋的动力涡轮每一级转子含有 84 个工作叶片，每一级导向器含有 20 组导叶段，各段之间采用 HastelloyX 材料封严，以防止轴向和周向的泄漏。

6. 启动系统

PGT25 系列机组供货时，备有安装在燃气轮机底座上的全自动启动系统，液

压电机使机组在启动时间内达到自持转速。此启动系统用燃气轮机控制盘上的按钮开动。接下来启动顺序便由燃气轮机控制系统控制，在任何非正常状况下关机或发出信号。此启动系统通过一个离合器连至辅助齿轮箱，此齿轮箱把启动扭矩传给燃气轮机轴，当燃气轮机达到自持转速时离合器自动断开。

7. 润滑系统

PGT25 系列机组包括两部分润滑系统：合成油系统和矿物油系统。

燃气发生器使用合成油润滑，用来润滑和冷却转子轴承和操作液压系统的执行机构。燃气发生器需要 4.1m^3/h 的满足美国海军标准 MIL－L－7808 或 23699 的合成油，工作温度为 60～71℃。液压系统把高压油供向燃料控制系统，此系统使用来自合成油箱的油。

矿物油系统用于润滑动力涡轮和所驱动的负载设备。其主要包括：油箱、轴带主润滑油泵、辅助交流泵、应急直流泵、压力安全阀、过滤器、压力调节阀、滑油温控阀、压力表及压力开关和油雾分离器等。

8. 燃料系统

既可使用天然气燃料，也可使用液体燃料。针对海上平台要求，需要匹配燃气轮机核心机的双燃料系统。由于压缩机压比高，因此燃料的喷射压力要求高，使用空气作为双燃料喷嘴的保护气体将需要额外增压，因此采用燃烧用的天然气作为喷嘴的保护气体。

双燃料供应系统在箱体外布置了天然气管线，主要包括切断、计量和放散装置；布置了燃油供应管线，在燃油箱出口后，包括泵送和输送两个橇块。双燃料供应系统在箱体内，天然气路设计了切断、卸放、调节功能；柴油路设计了切断、排污、回流、调节功能。PGT25＋燃气轮机的主要参数如表 4－9 所示。

表 4－9　PGT25＋燃气轮机的主要参数（发电，标准环形燃烧室）

序号	名称	参数	备注
1	功率	30.2MW	
2	效率	39.5%	
3	热耗率	9084kJ/(kW·h)	
4	流量	84.3kg/s	
5	排气温度	500℃	

续表

序号	名称	参数	备注
6	启动方式	液压启动	
7	压气机	17 级	前 7 级静叶片可调节
8	压比	21.5	
9	动力涡轮	2 级	
10	动力涡轮额定运行转速	6100r/min	
11	燃气轮机质量	30749kg	
12	外形尺寸	6.4m × 3.67m × 3.96m	

4.3.2 Solar 公司 Titan250 机组

Solar 公司 Titan250 机组的示意如图 4－3 所示。Titan250 设计基于 Mercury50 的燃烧技术、Taurus65 的高温部分技术和涡轮空气动力学、Titan130 的模块维护和高温部分的耐久性(材料和涂层)。

图 4－3　Solar Titan250 机组示意

Titan250 机组由燃气发生器和动力涡轮组成。燃气发生器由压气机、燃烧室和涡轮组成。

1. 压气机

压气机是 16 级轴流压气机，装有进口可转导叶，前 5 级压气机装有可转导叶，以便于起动和部分负荷控制。压气机压比为 24，进口空气流量为 67.3kg/s，

燃气发生器轴最大转速为10500r/min。

2. 燃烧室

Titan250在基本负荷输出功率下的燃烧温度为1177～1204℃，它具有贫燃预混DLE燃烧系统设计，由14个单独可拆卸的火焰筒和14个燃料喷嘴组成。

3. 燃气发生器涡轮

燃气发生器涡轮是2级轴流反动式设计，第1级静叶和动叶、第2级静叶具有内部空气冷却。涡轮部分静叶和动叶具有铝化物涂层。

4. 动力涡轮

动力涡轮是动叶带冠的两级轴流反动式涡轮，最大连续运行转速为7000r/min。

5. 启动系统

启动系统是由直流变频起动电机实现起动功能。开始起动时，启动系统提供扭矩直到燃气轮机达到自持转速。起动电机直接安装在辅助齿轮箱上，当机组起动，通过齿轮箱驱动燃气发生器转子，通过变频调节增加起动电机的转速也就是增加燃气发生器转子转速，当达到吹扫转速时，机组进行吹扫，吹扫后，控制系统激活燃料系统。起动电机转速继续增加，并点火，当达到起动电机脱转条件时，辅助齿轮箱离合器关闭。

6. 润滑系统

润滑系统使得滑油在压力作用下循环于燃气轮机和驱动设备之间。润滑油来自安装在底架上的滑油箱，滑油温度通过温控阀、油箱加热器、滑油冷却器保持在较理想的温度。润滑系统主要包括：滑油箱、滑油加热器、轴带泵、AC辅助泵、DC备用泵、双联过滤器、滑油液位、压力和温度传感器、温度和压力调节器、粗滤、滑油油气分离器、阻火器等。

7. 燃料系统

燃料系统分为天然气燃料、液体燃料两种。燃料系统主要包括：燃料供应压力变送器、燃料关闭阀、放空阀、控制阀、压力调节器、主气路等。

Titan250的燃气轮机技术参数如表4－10所示，主要参数如表4－11所示。

表 4－10　Titan250 燃气轮机技术参数

压气机	
类型	轴流
级数	16
压比	24 : 1
流量	67. 3kg/s
最大转速	10500r/min
燃烧室	
类型	环形
点火	点火器
喷嘴数量	14
燃气发生器涡轮	
类型	轴流
级数	2
动力涡轮	
类型	轴流
级数	2
最大转速	7000r/min
轴承	
径向	5 可倾瓦
止推	2 可倾瓦
结构材料	
压气机机匣	
－前部件	球墨铸铁
－后部件	WC6 合金钢
燃烧室外壳	410 不锈钢
排气蜗壳	球墨铸铁
附件齿轮箱	球墨铸铁
涂层材料	
压气机转子和静子	纳米铝
喷嘴，第一、二级叶片	贵金属扩散铝
动叶，第一和二级叶片	贵金属扩散铝
约重	
装置质量	19050kg

续表

性能	
输出功率	22370kW
热耗率	9000kJ/(kW·h)
排气流量	245660kg/h
排气温度	465°C
温度检测	
燃气轮机	(12)热电偶
振动传感器	
燃气轮机轴承1#	位移探头，X、Y轴
燃气轮机轴承2#	位移探头，X、Y轴
燃气轮机轴承3#	位移探头，X、Y轴
燃气轮机轴承4#	位移探头，X、Y轴
燃气轮机轴承5#	位移探头，X、Y轴
燃气发生器转子	位移探头，轴向位置
动力涡轮转子	位移探头，轴向位置
燃气发生器转子	键相器
附件齿轮箱	速度监测

表4－11 Titan250燃气轮机主要参数

序号	名称	参数	备注
1	输出功率	22.37MW	
2	机组效率	40%	
3	热耗率	9000kJ/(kW·h)	
4	流量	67.3kg/s	
5	排气温度	465℃	
6	启动方式	电启动	
7	压气机	16级	
8	压比	24:1	
9	动力涡轮	2级	
10	动力涡轮最大连续运行转速	7000r/min	
11	燃气轮机质量	19050kg	
12	外形尺寸	10.4m×3.67m×4.27m	

4.3.3 RR 公司 RB211 机组

RB211 机组针对机械驱动和发电细化为诸多型号，本文介绍 RB211 - 6562。RB211 - 6562 燃气轮机由 RB211 - 24G - T 燃气发生器和 RT - 62 动力涡轮组成。

燃气发生器单元体分解图如图 4 - 4 所示。

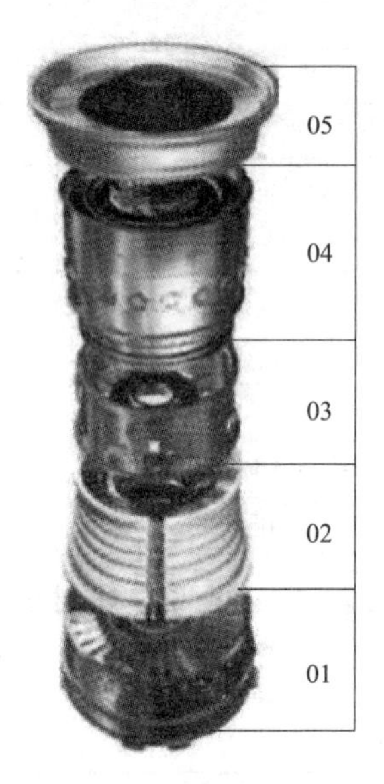

图 4 - 4 燃气发生器单元体分解图

01 号单元体——进气机匣；

02 号单元体——低压压气机；

03 号单元体——中间机匣；

04 号单元体——高压系统；

05 号单元体——低压涡轮。

除以上 5 个单元体之外，还可把装在燃气发生器上的燃料气管、振动探测装置、润滑油管、热电偶和导线、防喘装置等看作 06 号非单元体构件。

1. 进气机匣

进气机匣由前整流罩、进气延伸段、进气机匣、低压压气机前轴承座、可调进气导叶叶片、液压作动筒等组成。环形进气道采用锥形设计，头部整流装置采用轻质合金制成并采用双层制造技术，使热空气流过该装置以防冰。

2. 低压压气机

工业型 RB211 移除了航空型的风扇，将原中压压气机变成低压压气机。低压压气机为盘鼓结构，有 7 级钛合金转子叶片。第一级转子和静子叶片由航空型 RB211 改进而来，改进了气动和强度设计，机匣由铝合金制造。

压气机防喘：1 套低压压气机进口可调进气导向叶片（VIGV）机构，通过伺服阀门控制液压油进行操作。1 套放气机构包括 2 个低压操纵放气阀门，1 个高压 3 级操纵放气阀门，1 个起动排气阀门及相对应控制阀门、电磁阀等。

3. 中间机匣

中间机匣为低压和高压压气机之间的过渡段，为低压和高压压气机定位轴承提供支撑，其内部还装有起动机传动组件和内齿轮箱。中间机匣为一环管形机

匣，前端固定到低压压气机后端。中间机匣前端装有低压压气机排气导向支板。环形通道内有 10 个空心支板支撑。

4. 高压系统(高压压气机、燃烧室、高压涡轮)

高压压气机是一个 6 级轴流式压气机，由一个转子鼓筒和 6 级转子叶片构成，并由一个单级涡轮驱动。转子鼓筒分为三部分，前端部分包括第 1 和第 2 级，中间部分是第 3 级，后端部分包括第 4、5、6 级。转子鼓筒的后部与高压涡轮组件的前安装边相配。1 级盘与高压曲线联轴器相连，受高压定位轴承(在 03 单元体中)的支承。

高压压气机的第 1 ~3 级转子叶片由钛合金制造，第 4 级转子叶片为 Gr - Go 合金，第 5、6 级转子为 Nimonic901 镍铬合金。第 1、2 级静子叶片由钛合金制造，第 3 级静子叶片由 Gr - Go 合金制造，第 4 ~6 级静子叶片由 In901 制造。外机匣和静子叶片由含 12% 镉的不锈钢制造。

燃烧室是环形燃烧室，有钢制外机匣和 Nimonic263 镍铬合金制成的火焰筒，以及 18 个空气雾化喷嘴。环形燃烧室包括前火焰筒、后火焰筒和外火焰筒。后火焰筒与前火焰筒组件形成滑动连接。安装在前、后火焰筒机匣连接安装之间的隔圈和安装在内机匣后连接安装边上的隔圈能够对后火焰筒和前火焰筒的位置在滑动接头范围内调节。火焰筒内有整体式的迎着燃料喷嘴的进口鱼嘴和扩散室，有一个空气调节板和位于每个喷嘴周围的隔热屏。火焰筒内壁和外壁上的孔可使火焰稳定及有效燃烧，并通过充分的稀释把火焰温度降低到涡轮部件可接受的温度值。位于火焰筒后部的燃气导管把燃气流引向高压涡轮导流叶片。

高压涡轮转子为单级轴流式，向高压压气机提供驱动扭矩，并通过一根轴连接到压气机上。在轴上装有高压涡轮前空气封严装置的旋转件。连接到涡轮盘后端面上的是后空气封严装置和形成高压滚柱后轴承内座圈的短轴。高压涡轮叶片带有整体的叶冠和封严齿，在圆周形成封严环，防止燃气通过叶端泄漏。叶片根部是枞树形榫头，装在盘的相应部分，通过位于盘和叶根槽中的定位板来固定。

5. 低压涡轮

低压涡轮为单级轴流式，导向叶片为气冷结构。盘、转子叶片、静子叶片使用镍基合金材料。单级低压涡轮是一个动平衡组件，包括主轴、短轴和安装叶片的涡轮盘。平衡配重块通过保持板、可调垫片和螺栓固定到涡轮盘后表面的凸缘上。涡轮叶片带有整体叶冠和封严齿，在圆周方向形成一个防止气体泄漏的环。叶根为枞树形，安装定位于涡轮盘对应位置段上。叶片的位置通过安装于涡轮盘和根槽中的定位板来保持。该涡轮外机匣内安装有低压导向器叶片及高压和低压滚动轴承座组件，它们通过径向支撑板被固定到机匣上。

6. 动力涡轮

热燃气一旦从燃气发生器排出，就被一级导向叶片总成导向一级涡轮叶轮，一级导向叶片总成将热烟气导向并以最佳的角度和速度冲击一级涡轮叶片总成；热烟气通过一级涡轮叶片总成后进入二级导向叶片总成，然后重复同样的过程即热烟气被导入二级涡轮叶片总成。在热烟气通过涡轮叶片总成而导致压力下降的过程中，能量就被提取了出来。通过二级涡轮叶片后，热烟气的压力只比大气压力略高，被导入排气段(排气扩压器)，在那里可以被用来在废热回收系统中燃烧，处理后通过后部烟道排放到大气中。动力涡轮包括以下部件。

(1)启动系统：启动系统包括液压启动机和控制设备。液压启动机将燃气发生器高压转子带转到大于自持转速4500r/min时，然后自动断开。启动机脱开后，燃气发生器靠自身涡轮产生的多余能量先加速到慢车，然后根据加载需要加速并稳定在目标工况。

(2)燃料系统：燃料系统用于调节燃料气流量，满足燃气发生器的起动、加速和稳定运转。燃气发生器的燃料控制系统主要包括一个气体燃料控制系统、一个液体燃料控制系统和一个数字控制系统(DCS)，它包括控制转速、温度和压力的必要程序。燃料计量阀根据DCS传来的信号，通过液压或电作动器调节供入喷嘴的燃料量。

(3)润滑系统：燃气发生器润滑系统润滑油箱位于箱体基座内，润滑系统将润滑油加压后提供给发动机的各个轴承和液压系统。润滑系统还包括油箱加热器、滑油冷却器和油温控制阀。

动力涡轮与负载设备滑油系统是一套独立的润滑系统，装在一个独立的滑油橇上，为动力涡轮和负载设备提供所有运行状态下的轴承润滑。

RB211的润滑系统与GEPGT25+机组的润滑系统类似，分成两个独立的润滑系统，每个润滑系统的配置基本相似。RB211燃气轮机的主要参数如表4-12所示。

表 4－12　RB211 燃气轮机主要参数

序号	名称	参数
1	输出功率	29.53MW
2	机组效率	38%
3	热耗率	9473kJ/(kW·h)
4	流量	94.5kg/s
5	排气温度	491℃
6	起动方式	液压起动
7	压气机	7＋6
8	压比	21
9	动力涡轮	2 级
10	动力涡轮额定运行转速	4800r/min
11	燃气轮机质量	19100kg
12	外形尺寸	9.14m×4.87m×3.96m

4.3.4　国产船用 25MW 燃气轮机

船用 25MW 燃气轮机由低压压气机 4 和高压压气机 6(两台轴流式压气机)以及相应带动它们转动的低压涡轮 9 和高压涡轮 8(两个涡轮)、火焰筒呈扇形分布的环管逆流式燃烧室 7 及动力涡轮 11 组成。发动机装在底架 15 上。高、低压压气机与带动它们转动的涡轮组成了运动学上相互独立的回路——低压回路和高压回路，它们在燃气轮机的每一种工况下有不同的转速。机带辅机的传动和起动发动机时的起动机扭矩传动，借助传动箱来实现，它在运动学上与低压压气机转子有联系。

高压压气机出口处的空气进入燃烧室 7，与由齿轮泵输送的经过工作喷嘴喷出的燃油在燃烧室内混合燃烧。燃烧室产生的燃气进入依次布置的高压涡轮 8 和低压涡轮 9，它们分别产生驱动相应的高压压气机 6 和低压压气机 4 所必需的能量。从低压涡轮出来的燃气进入动力涡轮 11。从动力涡轮出来的做过功的燃气经过排气管排入大气。

如图 4－5 所示，燃气轮机采用了 4 点支撑的结构模式，前支撑结构(件 19)在燃气轮机低压压气机前机匣上；燃气轮机的后支撑结构(件 14)在动力涡轮的机匣上。燃气轮机为后输出机型，机组的轴向热膨胀位移由前支撑结构吸收，动力涡轮机匣等横向的热膨胀位移由后支撑结构吸收。

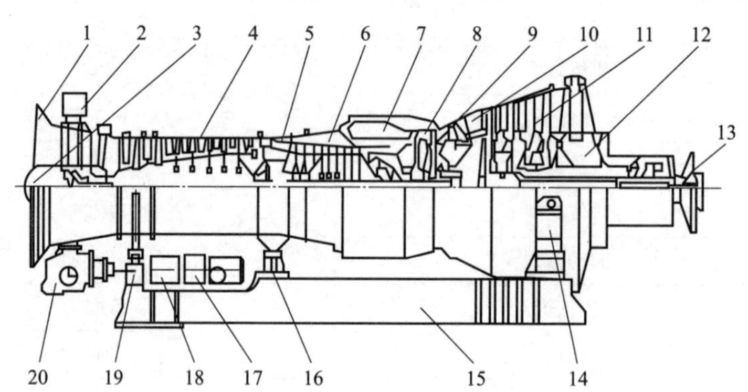

1—进气；2—压气机防喘；3—导向器；4—低压压气机；5—过渡段；6—高压压气机；7—燃烧室；8—高压涡轮；9—低压涡轮；10—涡轮；11—动力涡轮；12—排气管；13—输出轴；14—后支撑结构；15—底架；16—支撑结构；17—启动电机；18—外置传动箱；19—前支撑结构；20—传动箱

图 4－5　国产 25MW 燃气轮机剖视图

船用 25MW 燃气轮机的总体结构如表 4－13 所示。

表 4－13　船用 25MW 燃气轮机总体结构

序号	名称	国产 25MW 燃气轮机
1	起动机类型	电机
2	燃气发生器转子	双转子
3	燃烧室	逆流环管式
4	燃料喷嘴	16 个
5	点火器	2 个
6	燃料	单一燃料(柴油或天然气)
7	压气机转子型式	装配式
8	压气机气缸组合型式	剖分
9	透平转子型式	装配式
10	透平气缸组合形式	整体式
11	GG 径向轴承型式	滚柱式
12	GG 推力轴承型式	滚珠式
13	PT 径向轴承型式	滚柱式
14	PT 推力轴承型式	滑动推力轴承
15	燃气轮机支撑布置	4 点支撑

4.3.4.1　压气机

国产25MW燃气轮机作为船用机组，其压气机在设计上就充分考虑了耐盐雾、抗海水腐蚀等海洋环境条件。该压气机为多级轴流式，分为低压和高压两部分。该型压气机在船用及工业领域均有成功应用的先例，其可靠结构一直沿袭至今。整个压气机部分主要包括以下结构。

1. 进气装置

25MW机组压气机进气采用进气室方式实现，气体经过进气室稳压，然后通过进口内外整流罩结构，进入压气机通流部分。

2. 低压压气机

低压压气机采用轴流式，共9级，由前机匣、转动机构、可转机构机匣，低压压气机机匣，转子、前支承及滚珠轴承、后支承及滚柱轴承等部分组成。为使压气机能在给定的工况范围内以及起动时稳定地工作，低压压气机有三列可转导向器——进口可转导向器、0级可转导向器、1级可转导向器，它们的叶片由一共同的转动机构带动。在第6级后，通过放气阀抽气，以进一步扩大低压压气机在低工况下的稳定裕度。

在低压压气机机匣内部，装有低压压气机第2～7级导向器装置，由外环、内环及导向器叶片组成。

3. 高压压气机

高压压气机采用轴流式，共9级，由过渡段、高压压气机机匣、承力机匣高压压气机出口导向器装置、后机匣和高压涡轮压气机转子组组成。

在过渡段、高压压气机机匣及后机匣内部装有高压压气机各级导向器装置。用于逐级压缩空气并在一定的角度下把空气引导给转子的动叶。所有导向器装置由外环、内环及导向器叶片构成，采用高温合金材料制作，在耐高温氧化及耐腐蚀方面具有很好的性能。

高压压气机转子共9级，鼓盘式结构，由两个转鼓(第1～3级、第4～7级)、8级轮盘、前轴颈、后轴颈组成。转子动叶片以燕尾形榫头插装在轮盘榫槽里。所有动叶片都采用钛合金制成，保证了工作过程中的强度及耐腐蚀可靠性。

4.3.4.2 燃烧室

目前，国产25MW燃气轮机燃料用轻柴油(船用)或天然气(船用派生型，工业驱动压缩机)，两种燃料的燃烧室在基本结构、布置方式、外部接口，以及主要材料等方面基本相同。

针对国产25MW燃气轮机，无论是液体燃料或是气体燃料燃烧室，均为回流式环管型结构，采用无中分面的整体外壳和内壳、等离子体间接式点火器、凸肩式二次膨胀结构气膜冷却火焰筒。火焰筒主要由接触焊连接的火焰筒筒体、背部向四排半冷却环段的混合器，以及插入高压涡轮导向器的套圈焊接而成。火焰筒的前端以套筒支撑在燃料喷嘴罩帽上，并以两只定位销固定在高压压气机的档板上，其尾部以套圈插在涡轮导向器上。16个火焰筒布置在高压压气机与高压涡轮之间的燃烧室内、外壳之间的环形空间圆周上，头部翘起，使其轴线与发动机轴线成一定夹角。燃料从高压压气机机匣上悬挂着的环形总管，通过各自的燃料管，经过燃料喷嘴各路支管，向燃料喷嘴供燃料，将进入涡轮导向器的空气加热到所要求的温度。

4.3.4.3 涡轮

动力涡轮为4级涡轮，通流采用等内径渐扩式设计。转子采用盘轴连接形式，动叶与轮盘采用枞树形榫头、榫槽连接。动叶每级76件，第3、4级动叶为精密铸造叶片；第5、6级动叶为锻造叶片；轮盘为整体模锻件。导叶组均采用2联片整体精密铸造叶片组，每级32组。

25MW燃气轮机动力涡轮输出转速3000～3270r/min，用于发电时可直接连接发电机运行。

4.3.4.4 材料分析

船用25MW燃气轮机用结构材料主要涉及不锈钢、钛合金和高温合金三类，其使用性能、技术要求等均能满足设计指标，并且在实际应用后的服役表现良好。国产25MW燃气轮机主要结构部件的材料如表4－14所示。

表4-14　国产25MW燃气轮机主要结构部件用材

序号	部件	零件名称	材料牌号
1	压气机	压气机动叶片	TC11、TC8
2		压气机进口导叶、静叶	GH2696
3		高压压气机1~7级盘、低压压气机盘	TC11
4		高压压气机8、9级轮盘	GH4698
5		高压压气机承力机匣	GH3039
6		压气机机匣、轴颈等	1Cr12Ni3MoVN、1Cr11Ni2W2MoV 等
7	燃烧室	火焰筒进口锥-混合器各段	GH3044
8		点火喷口、调节部套滑阀	GH2328
9		燃烧室机匣	GH3039
10		火焰筒旋流器、嵌入件	K4648
11	涡轮	涡轮动叶片	K444、K435、GH4413
12		涡轮导向器	K452
13		涡轮盘	GH4742、GH4698
14		涡轮轴	1Cr11Ni2W2MoV
15		整流支柱、护环	K446、K4648
16		高压涡轮支撑机匣	GH3039
17		动力涡轮外机匣、支撑环机匣等	1Cr12Ni2MoWVNbN

4.3.4.5　启动系统

船用25MW燃气轮机采用了2台45kW的交流变频电机直接驱动的启动系统。起动电机经过传动箱组件，驱动低压压气机转子，实现燃气轮机的起动、冷吹和工艺盘车等。

4.3.4.6　润滑系统

采用压力循环的方式。在起动过程中，电动供油泵和回油泵同时投入工作，当低压压气机转子达到一定转速后，电动供油泵和回油泵自动关闭，由机组自带的润滑油组件完成机组润滑。当机组转速降到设定值时，自动控制系统控制电动供油泵和回油泵投入工作。当滑油入口压力低于允许值、出口滑油温度高于允许值，控制系统自动控制机组状态。

4.3.4.7 燃料系统

国产25MW燃气轮机(船用或工业用)，燃料系统结构如表4－15所示，采用了单一燃料。当采用天然气系统时，采用两级气动切断阀、燃料调节阀，确保停车时可靠切断燃料，运行时按控制系统要求调整燃料量；当采用燃油系统时，也采用两级燃油泵供应方式，并用燃料调节阀控制燃油供应量，安装底架右侧(从进气端往排气端看)。

表4－15 两型机组燃料系统对比情况

序号	对比项目	国产25MW机组		某进口机组
1	天然气温度	单一燃料		双燃料
		柴油	天然气	柴油和天然气
2	燃料温度	≤40℃	高于露点28℃	燃油≤65℃ 天然气高于露点28℃
3	切断方式	紧急排放阀	两级气动切断	燃油：紧急排放阀 天然气：两级气动切断
4	燃料供应方式	高压泵、调节器和分配器	增压站＋调节阀	燃油：1台低压泵＋1台高压泵＋调节阀 天然气：增压站＋调节阀
5	燃料计量	计量阀	计量阀	计量阀
6	喷嘴通道吹扫和冷却用介质	压缩空气 (起动过程第Ⅱ路)	无	天然气 (不用的燃料路)
7	燃料橇尺寸/mm (长×宽×高)	1000×530×200	2200×2000×1500	3765×1524×2090
8	燃料橇体净重/kg	2200	2500	3100

船用25MW燃气轮机的主要参数如表4－16所示。

表4－16 船用25MW燃气轮机主要参数

序号	名称	船用驱动	船用发电
1	输出功率	28.67MW	24.8MW
2	机组效率	37%	35.65%
3	热耗率	9729kJ/(kW·h)	10098kJ/(kW·h)

续表

序号	名称	船用驱动	船用发电
4	流量	89kg/s	88.2kg/s
5	排气温度	490℃	490℃
6	启动方式	电机启动	电机启动
7	压气机	18 级	18 级
8	压比	20.5	20
9	动力涡轮	4 级	4 级
10	动力涡轮额定运行转速	3000～3270r/min	3000r/min
11	燃气轮机质量	13700kg	13700kg
12	外型尺寸	6.37m×2.38m×2.5m	6.37m×2.38m×2.5m

4.3.5　进口机组与国产机组对比分析

进口机组与船用机组性能对比见表4－17。

表4－17　进口机组与船用机组性能对比

序号	名称	船用25MW机组 GT25000，柴油	PGT25＋机组，天然气燃料	Titan250机组，天然气燃料	RB211－6562机组，天然气燃料
1	输出功率	28.67MW	30.2MW	22.37MW	29.53MW
2	机组效率	37%	39.5%	40%	38%
3	热耗率	9729kJ/(kW·h)	9084kJ/(kW·h)	9000kJ/(kW·h)	9473kJ/(kW·h)
4	流量	89kg/s	84.3kg/s	67.3kg/s	94.5kg/s
5	排气温度	490℃	500℃	465℃	491℃
6	启动方式	电机启动	液压启动	电启动	液压启动
7	压气机	18 级	17 级	16 级	7＋6 级
8	压比	20.5	21.5	24	21
9	动力涡轮	4 级	2 级	2 级	2 级
10	输出转速	3000～3270r/min	6100r/min	7000r/min	4800r/min
11	质量	13700kg	30749kg	19050kg	19100kg
12	外形尺寸	6.37m×2.38m×2.5m	6.4m×3.67m×3.96m	10.4m×3.67m×4.27m	9.14m×4.87m×3.96m

由表4－17可以看出，针对海上平台发电，目前国产25MW燃气轮机还不具

备双燃料的能力，需要开展相关研究设计；另外，在功率等级相近时，国产船用25MW机组效率低于同档进口机组；国产机组输出转速为3000r/min，可以直接驱动发电机，并且3000r/min转速相对高，远离平台钢结构的低频振动区域，且不需要减速齿轮箱，降低效率损失，简化系统结构，减少故障点，也有利于系统维护。

第 5 章　海洋平台用 25MW 燃气轮机国产化成橇分析

5.1　海洋平台用 25MW 燃气轮机国产化必要性分析

随着海洋油气产量的快速提高，海上平台数量也随之快速增加，对燃气轮机发电机组的依赖与日俱增。在以往的海上油气田开发过程中，多采用的是分块式开发，发现一块、开发一块，海洋平台的建设随着海上油气的开采进行建设，多采用分布式、小规模[33,35]。由于缺少国内替代资源，已经形成少数国外厂家垄断中海油透平发电机组市场的局面。燃气轮机发电机组的设备供货、维护、调试等资源均由国外厂家掌控，造成设备使用和维护成本较高，并受制于人。一旦发生国际争端，将直接威胁到海上平台的电力供应，对上游的油气生产和产量造成极大的影响。目前尚无国产机组可提供安全可靠的电力，开展 25MW 燃气轮机发电机组的国产化工作迫切而必要[36]。

国产 25MW 燃气轮机是目前唯一 25MW 功率等级的国产燃气轮机，其技术引自乌克兰 UGT25000 燃气轮机，该型燃气轮机已经服务多个国家的海军。同时乌克兰的 UGT25000 船用燃气轮机的工业派生型燃气轮机 DG80L3，用于工业发电时(含双燃料机组)，已有 25 台的使用业绩(2011—2014 年)，其核心技术可靠性得到了充分的验证。国产 25MW 燃气轮机已经在船用领域和工业领域具有应用业绩，其中船用型机组已完成了 3 个阶段的国产化工作，并通过各阶段耐久性强化考核试验。船用型机组国产化率接近 100%，并通过 3300h(当量 30000h)耐久性考核试验，目前已经大量装船应用。

为了加速海上平台用燃气轮机发电机组的国产化进程，在国产25MW燃气轮机现有的技术状态下开展适应性分析与设计工作是较理想的途径。经过对珠海近海终端Titan250机组、涠洲12－1PUQB平台的Mars90机组、涠洲12－8W/6－12平台的Siemens机组，以及渤中BZ34－2－4平台PGT25＋G4机组开展调研工作，并与使用方密切交流后，全面了解海上平台对于燃气轮机发电机组的应用需求；在消化、吸收海上平台进口发电机组的相关技术资料并实地考察多型平台现役发电机组的基础上，结合国产25MW燃气轮机的技术状态，开展适应性分析与设计工作。

适应性分析主要是针对海上平台对燃气轮机发电机组的运行应用要求，结合国产船用及陆用型机组的技术状态，开展适应性分析工作，确定国产燃气轮机发电机组应用于海上平台的相关内容。

5.2 海洋平台用燃气轮机特点与现有困难

5.2.1 海洋平台用燃气轮机的特点

海上采油气平台和大型浮动生产、储存、卸货油轮等，由于其远离陆地，所采用的电力系统，具有它的独立性和特殊性。一般要求海上平台电力系统所选用发电机，调压动作时间短、调节速度快，发电机要有较强励磁能力和过载能力。燃气轮机发电机组完全符合这些特征，同时具有效率高、起动快、运转平稳等特点。

燃料可以“就地取材”，利用海上采油气平台在正常生产中采集到的天然气来供给燃气轮机消耗，避免了采油平台远离陆地，燃料运输过程中带来的不便和危险及高昂的运输费用问题；同时避开了采油平台地方狭小，难以储存大量燃料的困难。

由于缺少国内替代资源，已形成少数国外厂家垄断中海油透平发电机组市场的局面。中海油的透平核心机99%为国外进口，92%的维修依赖索拉、GE、西门子、罗罗等英美厂家。燃气轮机发电机组的设备供货、维护、调试等资源均由国外厂家掌控，造成设备使用和维护成本较高，并受制于人。一旦面临极端国际

形势，中海油现役透平会在3～7年内陆续面临故障停车风险，造成油田全面停电停产（渤海逐步岸电替代，但南海和东海依然被卡）。对上游的油气生产和产量造成极大的影响。国内目前成熟的国产透平机组成橇技术较少，所以开展国产透平机组成橇研究工作迫在眉睫。

海洋平台使用燃气轮机作为发电设备具有以下技术特点[37-39]。

高效性能：燃气轮机在能源转换方面具有高效性能，其能源利用效率较高，其热效率通常可达到40%以上，甚至可以超过50%。这对于海洋平台来说非常重要，因为海上资源有限，需要更有效地利用能源，高效能表明更低的燃料消耗和更少的碳排放，有助于降低运营成本和环境影响，这使得燃气轮机成为海洋平台上常用的发电设备之一。

快速起动和负荷调节能力：燃气轮机具有快速起动和负荷调节的能力，可适应海洋平台电力需求的变化。与其他类型的发电设备相比，燃气轮机可以在较短的时间内实现从停机到满负荷输出的转换。这种快速响应的特点适合海洋平台等需要频繁开关操作的场景，能够满足对电力供应的灵活需求。由于海洋平台可能会受到不同季节、天气或工作需求的影响，燃气轮机能够快速响应并提供所需的电力输出。

小型化和轻量化设计：海洋平台的空间和重量通常受限，因此燃气轮机的小型化和轻量化设计非常适合海洋环境。这使得燃气轮机在海洋平台上安装和布局更加便捷，节省空间并提高平台的有效利用率，可以最大限度地减小设备占用的空间，并且降低平台的重量负荷。

低污染排放：燃气轮机相对于传统的发电设备，如燃煤发电机组，具有较低的污染排放。它的燃烧过程更为清洁，废气排放中的CO_2和其他污染物较少，有助于保护海洋生态环境。同时燃气轮机的运行相对较平稳，振动和噪声较低。这对于海洋平台上的舒适性和安全性非常重要，可以减少人员的不适感和对其他设备的干扰。

可靠性和适应性：海洋环境恶劣，对设备可靠性和适应性要求较高。燃气轮机在设计上考虑了逆境环境，具有较强的耐腐蚀能力和抗震性能，在海洋平台上能够稳定可靠地运行。燃气轮机在部分负载条件下仍然能够保持较高的效率，这使得其适用于需要经常变化负荷的海洋平台。无论是需求突然增加还是减少，燃气轮机都能快速响应并保持较高的效率。

废热利用：燃气轮机产生的高温废气可以通过废热回收系统进行利用，提高能源的利用效率。这对于海洋平台来说尤为重要，因为废热回收能够为海水淡化、供热和海洋工艺提供额外的能源支持。

海洋平台上的燃气轮机与陆上使用的燃气轮机在某些方面存在差异。它们之间的对比如下。

环境适应性：海洋平台上的燃气轮机需要具备更好的环境适应性，因为海洋环境恶劣、湿度高、盐雾腐蚀严重等因素可能对设备产生负面影响。因此，海洋平台上的燃气轮机通常采用防腐蚀措施和密封设计，以确保其能够在恶劣的海洋环境中长时间稳定运行。

防波措施：海洋平台常常会受到大浪、风暴等海洋气象条件的影响，而陆地上的燃气轮机则不会面临这些问题。因此，海洋平台上的燃气轮机需要采取相应的防波措施，如选择适当的安装位置、增强结构强度、采用减震装置等，以确保设备的安全运行。

维护和维修：由于海洋平台位于远离陆地的海上，维护和维修海洋平台上的燃气轮机可能更加困难。这需要对设备进行定期检查、维护和必要的修理，并确保及时供应所需的零部件和配备维修人员。与此相比，陆地上的燃气轮机更容易进行维护和维修，因为可以更方便地获取所需资源和专业技术支持。

总的来说，海洋平台上的燃气轮机需要经受更苛刻的海洋环境考验，并具备更好的环境适应性和防护措施。此外，对于维护和维修来说也更具挑战性。同时，由于海洋平台具有波浪、风暴等特殊要求，对设备的稳定性和防波措施也提出了更高的要求。但海洋平台使用燃气轮机作为发电设备具有高效性能、快速起动和负荷调节能力、小型化和轻量化设计、低污染排放、高可靠性和适应性及废热利用等技术特点。这些特点使得燃气轮机成为海洋平台能源系统的理想选择，为平台提供可靠、高效、环保的电力供应。

5.2.2 海洋平台用燃气轮机机组特点

海洋平台用燃气轮机机组特点如下。

(1)燃气轮机体积小、功率大，机组安装简便。

(2)燃气轮机系统自动化程度高，管理方便。

(3)燃气轮机在海洋采油设施上应用的范围。近年来，海上采油各种功能的平台和FPSO等主电力系统大多选用了燃气轮机发电机组。如东方DF1－1、渤南BN26－2、蓬莱PL19－3等，燃气轮机发电机组向平台及其他设施上的设备及照明等供电，燃气轮机在海上采油各种功能的平台和FPSO上不仅用于带动发电机组，而且可以用于其他设备。

由于燃气轮机的排烟温度高达400～600℃。为了充分利用这些废热，厂商设计并推荐了燃气轮机发电机组废热回收装置。“废热回收装置”就是在燃气轮机发电机组排气烟道上加装一套热交换器，即“废气锅炉”与一套“燃油燃气锅炉”组合成一套热油(介质)锅炉。被加热的介质经“废气锅炉”和“燃油燃气锅炉”串联加热。这套装置的排烟出口温度可降到200～300℃，充分利用了废热，降低了能耗。如在渤南BN26－2平台上安装了这套装置。这套装置选用，不仅节约了能源，减少了大气污染，同时也间接地降低了燃气轮机使用的成本[40]。

5.2.3　海洋平台用燃气轮机机组所受平台约束条件

海洋平台用燃气轮机机组所受平台约束条件如下。

气候环境：海洋平台位于海上，气候环境复杂多变，包括海浪、风速、温度、湿度等多种因素。这些因素对燃气轮机机组的正常运行和维护产生影响，需要根据平台所在区域的气候环境特点进行相应的设计和调整且设备需要满足耐候性要求。

水文环境：海洋平台的水文环境包括海水深度、潮汐、海流、海况等因素，这些因素对燃气轮机机组的运行和安装产生影响。例如，平台所在水域的海流和海况变化可能会对机组的供电质量和稳定性造成一定的影响，需要进行相应的优化设计和采取相应措施。另外，近海处的空气中含砂量较大，伴有盐雾颗粒等，对进气过滤系统有特殊要求。

安全环境：海洋平台的安全环境包括海上交通、海上事故、自然灾害等多种因素。这些因素对燃气轮机机组的安全运行产生影响，需要进行相应的安全设计和应急预案。另外，原油、天然气中常含有H_2S及SO_2等物质，既有腐蚀性，又有爆炸性，设备需要达到防爆要求。

维护保养：海洋平台用燃气轮机机组的维护保养也受到平台环境的限制。由于平台所处的海洋环境相对复杂，空气中的含盐量随着高度的增加而减小，盐雾的雾珠直径随着湿度的增加而增大，设备需要满足防腐要求。机组的日常维护保养和定期检修需要进行一定的技术调整和安排。

需求变化：海洋平台用燃气轮机机组的运行也受到平台需求变化的影响。随着平台所处区域的气候、水文、交通等因素的变化，机组的运行需求也可能发生变化，需要进行相应的技术优化和升级。

5.2.4 海洋平台用燃气轮机所面临的应用问题

1. 销售价格偏高

首先，国产燃气轮机的主要零部件和系统大多来自军品，仍沿用单一来源的军品定价模式，而非竞争性采购定价，且国产燃气轮机的制造销售未形成规模，无法引入更多的社会资源，形成良性竞争，由于军品的特殊性和垄断性，造成燃气轮机制造成本整体偏高[28]；其次，国产燃气轮机虽然在核心热端部件等关键部件的制造上取得了突破，实现了自主可控，但受限于材料、冶金等工业基础薄弱，热端部件的成品率较低，更加剧了国产燃气轮机制造成本的上扬；同时，国外燃气轮机厂商“低价销售、高价维保”的商业模式，也进一步蚕食了国产燃气轮机的价格空间。

2. 性能有待提高

得益于“两机”专项的推进实施，国产燃气轮机逐步形成了相对完整的自主研发和设计体系，具备先进燃气轮机的可持续研发能力，但国产燃气轮机在效率、排放等指标上仍普遍落后于国外燃气轮机，低氮燃烧指标还未达到国际水平，双燃料燃烧仅经过功能性验证，未开展可靠性考核；燃气轮机海洋环境适应性改进仍需持续开展[23]。而国外燃气轮机厂商在推出新型燃气轮机的同时，持续通过部件改进优化，采用先进循环、系列化发展等措施，不断提高现有燃气轮机的性能，同时还致力于更低排放的燃烧技术研发。

3. 运行长周期需验证

国内海上平台燃气轮机市场被 Solar、Siemens、GE 等国外厂商所垄断，并通

过长期运行，产品不断改进完善和迭代升级，可靠性也得到了充分验证，反观国产燃气轮机，在军用阶段，可靠性考核指标较民用燃气轮机低，考核运行时数要求低。面对长寿命可靠性考核，研制还处于摸索阶段，尚无一型燃气轮机走完整个生命周期，无论是运行燃气轮机数量还是运行业绩，还无法与国外燃气轮机相提并论，缺乏燃气轮机在海上平台的运行维护经验，燃气轮机运维策略和运行可靠性均需开展长时考核运行[25]。

5.2.5　与国外相比海洋平台用燃气轮机存在的问题

1. 国内外燃气轮机研发技术对比

国内燃气轮机产业研发技术较弱。因为历史原因，我国至今没有掌握具有自主知识产权的燃气轮机的设计与制造技术。虽然我国发电设备制造业通过打捆招标与合资引进天然气燃气轮机发电机组制造技术，但外方坚持不转让燃气轮机设计技术和高温部件制造等技术，燃气轮机的关键核心技术目前还受制于人。国内小型工业燃气轮机研制处于起步阶段，虽然研制了几型产品，市场尚未认可，国内市场被国外燃气轮机垄断[24]。尚未完全掌握工业燃气轮机的关键技术，特别是低排放燃烧室、多种燃料燃烧室和高温涡轮冷却叶片等设计技术，未形成工业燃气轮机研发体系。国内微型燃气轮机还未完全建立设计、制造和运行的完整体系，微型燃气轮机部分关键技术尚未取得突破，产品尚未开始应用，高性能微型燃气轮机目前完全依赖进口。

2. 国内外燃气轮机制造方面对比

在制造方面，国内基本具备了研制生产中、小型燃气轮机的能力，但同类机型在主要性能指标上与国外仍存在较大差距。重点尚需在关键元器件、整机制造、燃料高效清洁燃烧等方面进行攻关，提高部件材料的耐高温能力、压气机的性能及燃烧室的效率等，支撑天然气的高效利用[26]。

3. 国内外燃气轮机产业能力对比

国内燃气轮机产业能力相对较弱。燃气轮机的开发需要具备一套完整的设计、制造和试验体系。燃气轮机开发体系需要基础科学能力、制造工艺、材料研发能力及试验技术的支撑。这些支撑，是燃气轮机研发所必须具备的条件能力[10]。我国发展燃气轮机的产业基础力量相对薄弱，在设计能力、试验能力、加工能力和材料四大要素中，薄弱的环节是设计能力、试验验证能力、高温合金材料体系和能力，相对较好的是加工能力，但是也缺乏关键核心部件的加工能力。

4. 国内外燃气轮机产业配套体系对比

国内燃气轮机产业配套体系不全。为满足核心企业燃气轮机产品制造的需求，我国对燃气轮机产业部分配套能力进行了发展，主要集中于燃气轮机制造配套能力建设方面，以冷端部件制造需求和辅助系统需求方面为主。但是已形成的配套能力中，均不具备关键核心热部件原材料、锻件、加工制造配套能力，不具备完整的燃气轮机研发设计配套体系，不具备完整的燃气轮机材料配套体系。与发达国家相比，存在巨大的差距[40]。

5.2.6 故障统计

1. 故障统计——按专业统计

表5－1所示为按专业统计的燃气轮机机组故障数据。可以看出，一年多时间内中海油海上平台燃气轮机机组总共出现故障320次，其中电气类故障17次，占故障总数的5.31%；机械故障67次，占故障总数的20.94%；仪表类故障129次，占故障总数的40.31%；控制类故障107次，占故障总数的33.44%。其中，仪表和控制类故障远远多于机械和电气类故障，因此，做好仪表、控制类故障预防对于提高机组的可用率和运行稳定性具有极大的意义。

表5－1　燃气轮机故障统计——按专业统计

序号	故障所属专业	故障次数	故障占比/%	备注
1	电气故障	17	5.31	
2	机械故障	67	20.94	
3	仪表故障	129	40.31	
4	控制故障	107	33.44	
共计		320		

2. 故障统计——按机型统计

表5－2所示为按机型统计得出的燃气轮机机组故障数据。可以看出，Solar

公司生产的 Taurus70 型燃气轮机的故障占比最高，达到 32.50%。同时 Taurus70 燃气轮机的故障频次也是最高的（Mars100 燃气轮机虽然故障频次高于 Taurus70 燃气轮机，但由于只有一台机组，所以不具有代表性）。Siemens 公司生产的 SGT－100－1S 燃气轮机机组的故障频次为 0.33 次/台，故障占比 0.31%，是所有型号机组中最低的。

表 5－2　燃气轮机故障统计——按机型统计

序号	机组型号	机组台数	故障次数	故障频次/（次/台）	故障占比/%
1	Taurus 70	15	130	14.86	32.50
2	Centaur40	14	49	6.56	18.44
3	Titan 130	28	68	12.29	26.88
4	MS5001PA	3	11	5.50	3.44
5	Mars100	4	15	15.00	4.69
6	SGT400	1	10	10.00	3.13
7	Centaur50	1	1	1.00	0.31
8	Taurus 60	9	13	6.50	4.06
9	SGT－100－1S	3	1	0.33	0.31
10	Mars90	4	10	2.50	3.13
11	TYPHOON	3	10	3.33	3.13
12	PGT25＋G4	5	35		
共计		90	353		

图 5－1 所示为各型号燃气轮机故障频次折线图，可以看出，Taurus70、Titan130、Mars100、SGT400 型燃气轮机的故障频次高于各型号燃气轮机的平均

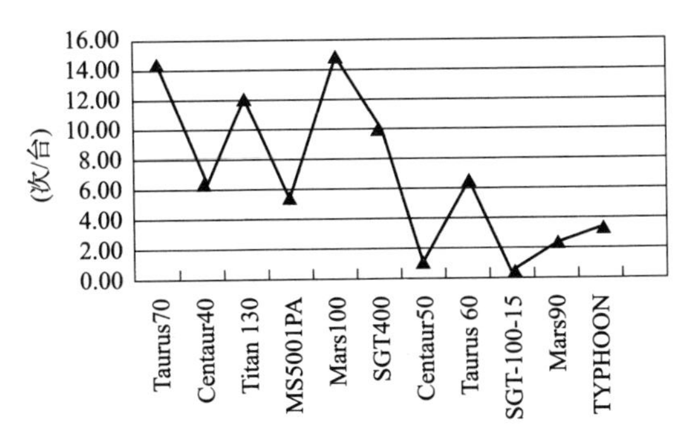

图 5－1　中海油海上平台燃气轮机故障统计故障频次

故障频次，其余型号的燃气轮机的故障频次均低于各型号燃气轮机的平均故障频次。

3. 故障统计——按专业对各机型统计

表5-3所示为按专业对各机型的故障统计数据。可以看出，电气故障次数最多的是Centaur40型燃气轮机，机械故障次数最多的是Taurus70型燃气轮机，仪表故障次数最多的是Titan130型燃气轮机，控制故障次数最多的是Taurus70型燃气轮机，Taurus70、Taurus60、Mars90、TYPHOON型燃气轮机控制专业的故障率最高，Centaur40、Titan30、MS5001PA型燃气轮机仪表专业故障率最高，Mars100型燃气轮机机械专业故障率最高。Centaur50、SGT-100-1S型燃气轮机故障统计次数各只有1次，故没有代表性。

表5-3　按专业对各机型的故障统计

序号	机型	故障总数/次	电气故障/次	占比/%	机械故障/次	占比/%	仪表故障/次	占比/%	控制故障/次	占比/%
1	Taurus70	104	5	4.81	18	17.31	37	35.58	44	42.31
2	Centaur40	59	9	15.25	12	20.34	34	57.63	4	6.78
3	Titan130	86	1	1.16	15	17.44	40	46.51	30	34.88
4	MS5001PA	11	0	0.00	4	36.36	6	54.55	1	9.09
5	Mars100	15	0	0.00	10	66.67	5	33.33	0	0.00
6	SGT400	10	0	0.00	4	40.00	3	30.00	3	30.00
7	Centaur50	1	1	100.00	0	0.00	0	0.00	0	0.00
8	Taurus60	13	0	0.00	1	7.69	1	7.69	11	84.62
9	SGT-100-1S	1	0	0.00	0	0.00	0	0.00	1	100.00
10	Mars90	10	1	10.00	2	20.00	2	20.00	5	50.00
11	TYPHOON	10	0	0.00	1	10.00	1	10.00	8	80.00
共计		320	17	5.31	67	20.94	129	40.31	107	33.44

5.3　国产25MW燃气轮机发电机组海上应用标准与通用要求

5.3.1　国产燃气轮机发电机组海上应用主要标准

1. 燃气轮机主要参考标准

用于石油、化工、燃气工业的燃气轮机	API 616—2011
轻型燃气轮机通用技术要求	GB/T 10489—2009
燃气轮机、验收试验	GB/T 14100—2009
舰船燃气轮机通用规范	GJB 730A—1997
航空派生型燃气轮机成套设备噪声值及测量方法	GB/T 10491—2010
燃气轮机、噪声	GB 14098—1993

2. 发电机主要参考标准

Rotating electrical machines	IEC 60034
旋转电机 定额和性能	GB 755—2008
隐极同步发电机技术要求	GB/T 7064—2008
船用旋转电机基本技术要求	GB/T 7060—2008
舰用三相同步发电机通用规范	GJB 75A—1997

3. 附属系统主要参考标准

(1)通用要求

用于石油、化工、燃气工业的燃气轮机	API 616—2011
航空派生型燃气轮机辅助设备通用技术要求	GB/T 13673—2010
燃气轮机辅助设备通用技术要求	GB/T 15736—1995
爆炸和火灾危险环境电力装置设计规范	GB 50058—1992
石油天然气工程设计防火规范	GB 50183—2004

(2)润滑油系统、燃料系统

润滑、轴密封和控制油系统及辅助设备	API 614—2008
轻型燃气轮机燃料使用规范	GB/T 13674—1992

(3)进排气系统、箱体及通风系统

燃气轮机成套设备进排气系统通用技术要求	HB 7811—2006
钢结构设计规范	GB 50017—2003
建筑结构荷载规范	GB 50009—2012
建筑设计防火规范	GB 50016—2014
工业企业噪声控制设计规范	GB/T 50087—2013
一般通风用空气颗粒过滤器　过滤性能测定	EN 779—2002
轻型燃气轮机进气过滤器	HB 7257—1995
火力发电厂排气消声器　技术条件	JB/T 9623—1999
烟囱设计规范	GB 50051—2013

(4)联轴器

石油、化工和气体工业设施的专用联轴器	API 671—2007

(5)消防系统

Standard on Carbon Dioxide Extinguishing Systems	NFPA 12—2005
National Fire Alarm and Signaling Code	NFPA 72—2013
火灾自动报警系统设计规范	GB 50116—2013
可燃气体报警控制器	GB 16808—2008
二氧化碳灭火系统设计规范	GB 50193—2010
石油化工可燃气体和有毒气体检测报警设计规范	GB 50493—2009

(6)UPS 系统

低压开关设备和控制设备　第 1 部分：总则	IEC 60947. 1—2011
外壳防护等级(IP 代码)	GB 4208—2008
不间断电源设备(UPS)	GB 7260
交流电气装置的接地设计规范	GB/T 50065—2011

(7)低压配电系统

低压配电设计规范	GB 50054—2011
外壳防护等级	GB 4208—2008
低压成套开关设备和控制设备	GB 7251
低压开关设备和控制设备	GB/T 14048

低压电气设备的高电压试验技术　定义、试验和程序要求、试验设备	GB/T 17627—2019
电站电气部分集中控制设备及系统通用技术条件	GB/T 11920—2008
低压电器电控设备	GB 4720—1984
(8)变频器	
1kV 及以下通用变频调速设备 第 1 部分：技术条件	GB/T 30844. 1—2014
电气控制设备	GB/T 3797—2005
外壳防护等级(IP 代码)	GB 4208—2008
调速电气传动系统 第 3 部分：电磁兼容性要求及其特定的试验方法	GB 12668. 3—2012
(9)控制系统	
Code of Practice for the Selection, Installation and Maintenance of Electrical Apparatus for use in Potentially Explosive Atmospheres	IEC 60079
Degrees of Protection Provided by Enclosures(IP Code)	IEC 60529—2013
Fire Resisting Characteristics and Tests of Electric Cables	IEC 60332
Programmable Controllers	IEC 61131
Instrument Cable	BS 5308
工业过程测量和控制用监测仪表和显示仪表准确度等级	GB 13283—2008
电气/电子/可编程电子安全相关系统的功能安全	GB/T 20438—2006
过程工业领域安全仪表系统的功能安全	GB/T 21109—2007
爆炸性气体环境用电气设备	GB 3836—2000
外壳防护等级(IP 代码)	GB/T 4208—2008
计算机场地通用规范	GB/T 2887—2011
计算机站场地安全要求	GB/T 9361—2011
信息技术设备　安全	GB 4943
电气装置安装工程　电缆线路施工及验收规范	GB 50168—2018
轻型燃气轮机控制和保护系统	GB/T 14411—2008

注：未注明年代号的标准均为标准合集，各组成标准均采用最新标准。

5.3.2 国产燃气轮机发电机组海上应用主要要求

1. 通用要求

燃气轮机机组需要满足国家和行业标准，具备稳定、高效、安全、可靠、环保、兼容、可维护、可远程监控、可定制化等特点。其中，稳定性要求能够在海洋平台的震动和风浪等环境因素下稳定运行；高效性要求能够在最小的能耗和排放下提供最大的电力输出；安全性要求能够避免机组故障和安全事故，确保人员和设备的安全；可靠性要求能够在复杂的海洋环境下长期稳定运行，降低维修和更换成本；环保性要求能够降低排放和对环境的影响；兼容性要求能够与其他设备和系统进行良好的协同工作；可维护性要求能够方便地进行日常维护和检修，降低维护成本；可监控性要求方便对机组的运行状态进行实时监测和管理；可定制化包括能够根据不同的平台需求和运行环境进行相应的定制和调整。

(1)机组应能够承受其所在海域的最恶劣水文、气象条件。

(2)机组应能够在高盐、高湿度环境下长期运行。

(3)机组应提出其载荷分布，辅助于平台结构特性的优化设计。

(4)机组的数量和备用方式应密切呼应海上平台油气开采计划对电能的需求。

(5)机组的设计电制应满足海上平台通用的三相三线制。

(6)机组的调速、调压特性应满足海上平台的具体需求。

2. 成橇要求

燃气轮机机组需要满足平台设计要求和成橇要求。成橇要求是指机组在运输和安装过程中需要进行相应的拆装和组装，以满足海洋平台的特殊需求。其中，机组的结构需要尽可能紧凑，以满足海洋平台空间有限的要求；机组需要尽可能轻量化，以降低平台荷载，提高平台的安全性和稳定性；机组需要具备良好的防震性能，以抵御海洋平台的震动和风浪等环境因素对机组的影响；机组需要具备良好的防护性能，以避免海洋环境中的腐蚀、侵蚀等因素对机组的损害；机组需要具备良好的抗氧化性能，以避免海洋环境中的盐雾和海水等因素对机组的腐蚀和损害；机组需要具备良好的防爆性能，以避免海洋环境中的易燃、易爆气体对机组的损害；机组需要具备良好的耐久性，能够在复杂的海洋环境下长期稳定运行。

(1)成橇设计需考虑操作空间、维护空间及必要的防护措施。

(2)设备的布置应使流程系统顺畅，便于人员操作、维修和利于人员安全。

(3)设备布置时，设备间应留有合适的通道，以便对设备进行操作和监视。

(4)应使管路系统简化以便于人员操作、维修和利于人员安全。

(5)橇间管线的设计不允许横跨通道区域。

(6)不需要改变平台的钢结构(切除部分钢结构)，就可实现管线、设备的操作、维护、换装。

3. 防腐要求

由于海洋平台的环境比较恶劣，机组需要具备良好的防腐性能，以保证机组在海上环境下长期稳定运行。机组外壳、管道和配件需要进行防腐处理，并且需要使用耐腐蚀材料。其中，机组各部件需要选用耐腐蚀的材料，如不锈钢、镍基合金等，以避免海水和盐雾等腐蚀介质对机组造成腐蚀损伤；机组各部件表面需要进行防腐处理，如喷漆、镀铬、热浸镀锌等，以保护机组表面免受海水和盐雾等腐蚀介质的侵蚀；机组各部件需要进行防腐涂层处理，如使用环氧涂料、聚氨酯涂料等，以增强机组抗腐蚀性能；机组防腐工作完成后，需要进行防腐检测，以确保机组防腐效果符合要求；机组需要定期维护，包括清洁、涂层维护、材料更换等，以保持机组的防腐效果。

(1)暴露于海洋环境中的部件表面应采取有效的防腐措施或用耐腐蚀的材料制成。

(2)对涂装有困难的小型复杂构件，或有特殊要求的钢构件，可采用镀层防腐蚀。

(3)系统中如有不同金属相连，应有防止电化学腐蚀的措施。

4. 隔热与伴热要求

海洋平台的温度和湿度比较高，机组需要进行隔热和伴热处理，以确保机组的正常运行。同时，由于机组需要连续运行，需要考虑热平衡问题，进行相应的隔热和伴热技术调整。其中，燃气轮机机组在运行过程中会产生大量热量，需要进行隔热处理，以保护机组周围的设备和人员，同时也能够提高机组的效率和稳定性；燃气轮机机组需要使用高温耐热、低导热的保温材料，如陶瓷纤维、石墨、硅酸铝等，以降低机组表面温度，防止热量向周围传递；燃气轮机机组需要配置冷却系统，如风扇、水冷却系统等，以保证机组在高温环境下的正常运行；

海洋平台中的燃气轮机机组还需要配置伴热系统，以保证机组在低温环境下的正常运行；燃气轮机机组需要配置隔热罩，以防止周围设备和人员受到高温的影响。

(1)凡表面温度超过60℃或低于-10℃的管路应设隔热或伴热保护(可按实际情况调整)。

(2)隔热材料的技术性能应符合行业标准要求，其安全使用温度应高于设计温度。

(3)管道伴热温度建议比水化物、固化物、高黏度物温度至少高5℃。

5. 安装要求

(1)机组安装在海上平台的顶层甲板，整体橇建议布置在安全区。

(2)机组的安装基础在对角线方向至少提供两个接线柱，接线柱焊接在安装基础的框架上。

(3)燃气轮机发电机组整体橇，在公共底架和平台安装基础之间考虑隔振系统。

5.4 燃气轮机国产化海上应用技术要求

5.4.1 性能参数

当环境压力为101.325kPa，环境温度为15℃，相对湿度为60%，进气损失为100mmH_2O，排气损失为150mmH_2O时，燃气轮机发电机组需要满足的性能参数如表5-4所示，其中包括燃气轮机和发电机的部分相关参数。

表5-4 燃气轮机发电机组性能参数

燃料类型	单位	天然气 H_u=11955kcal/kg	柴油 H_u=10200kcal/kg
发电机出线端电功率	MW	24.8	23.6
发电机组效率 (按发电机效率≥97.7%)	%	34.8	34.23
发电机转速	r/min	3000	3000
燃料消耗(参考)	kg/h	5140^{+150}	5830^{+170}
燃气轮机排气温度(参考)	℃	490^{+20}	490^{+20}
燃气轮机排气流量(参考)	kg/s	89±1.0	88.2±1.0

(1)成橇的燃气轮机发电机组占地≤20m×5m，重量≤230t。

(2)距离燃气轮机发电机组橇体外1m、1m高处的噪声≤85dB(A)。

(3)允许燃气轮机在壳体振动等级不超过16mm/s的情况下长期运行。

(4)双燃料切换工况0.2～0.75Ne，切换时长≤90s。

5.4.2　技术条件

1. 稳定性指标

燃气轮机在下列条件下可稳定运行：

(1)发动机进口空气温度233～323K(－40～50℃)。

(2)大气压力94～106kPa。

(3)空气相对湿度不大于95%(有凝露)。

(4)燃气轮机进口空气中的含盐量不大于0.01mg/kg。

2. 可靠性指标

燃气轮机大修前使用寿命不小于32000当量运行小时。

3. 启动系统

(1)燃气轮机配备起动装置(起动电机)——两台380V、50Hz交流电动机，起动负荷150kW。起动电机采用防爆结构形式，变频起动方式。

(2)允许从低压压气机转子转速小于300r/min开始六次连续起动，此后必须冷却起动电机1200s；在起动间隔大于10min的情况下不限定连续起动次数。

(3)在大修前起动电机不少于1500次起动。

4. 输出转速

(1)燃气轮机动力涡轮的额定转速应为3000r/min。

(2)燃气轮机动力涡轮旋转方向为从燃气轮机功率输出法兰方向看的逆时针方向。

(3)配备单独的涡轮发电机转子(燃气轮机和发电机同轴)极限转速保护装置[41]。

5. 维护和维修

(1)燃气轮机发电机组的结构应符合下列要求，即根据技术维护和维修的规定，在不拆卸其他具有更长维修间隔时间的元件情况下对装配单元和零件可以进行技术检查。燃料系统、滑油系统和其他系统的所有接合面，接头都应布置在易于技术维护的位置。

(2)燃气轮机发电机组的结构应该保证允许接近主要装配单元和零件，便于在需要时对燃气轮机进行维护。

(3)燃气轮机发电机组的结构应该规定维修时零件和装配单元的互换性。在维护人员安装时备件不需要就地磨配，且设定或调节应为微调。

(4)燃气轮机发电机组的结构应保证维护人员可方便地目视或用工具检查主要部件。同时发动机的结构应能保证维护人员通过光学检查仪器检查燃气轮机通流部分的可能性，无须拆卸壳体。

(5)燃气轮机的结构应规定水洗喷嘴和带管路的集管，用于与燃气轮机通流部分冲洗系统连接。冲洗的周期根据燃气轮机工作参数由通流部分的脏污程度决定。

(6)燃气轮机控制系统应提供运行数据外部获取接口，以便于第三方数据通信软件获取机组运行数据，并支持与机组远程故障诊断系统的通信。

5.4.3 适应性分析

1. 部件结构特性

(1)压气机

国产25MW燃气轮机作为船用机组，其压气机在设计上就充分考虑了耐盐雾、抗海水腐蚀等海洋环境条件。该型压气机在船用及工业领域均有成功应用的先例，其可靠结构一直沿袭至今。该压气机为多级轴流式，分为低压和高压两部分。为使压气机能在给定的工况范围内和起动时稳定地工作，低压压气机有三列可转导向器，在第六级后可通过放气阀放气，以进一步扩大低压压气机在低工况下的稳定裕度。压气机转子叶片采用枞树形及燕尾形榫头结构安插在轮盘上，这两种叶片轮盘连接结构均具有很好的稳定性。压气机内部导向器采用高温合金材料制作，在耐高温氧化及耐腐蚀方面具有很好的性能；所有动叶片均采用钛合金材料，保证工作过程中的强度及耐腐蚀性。

(2)燃烧室

目前，国产25MW燃气轮机可燃用轻柴油(船用)或天然气(船用派生型，工业驱动压缩机)，两种燃料的燃烧室在基本结构、布置方式、外部接口，以及主

要材料等方面基本相同，如图5－2和图5－3所示。

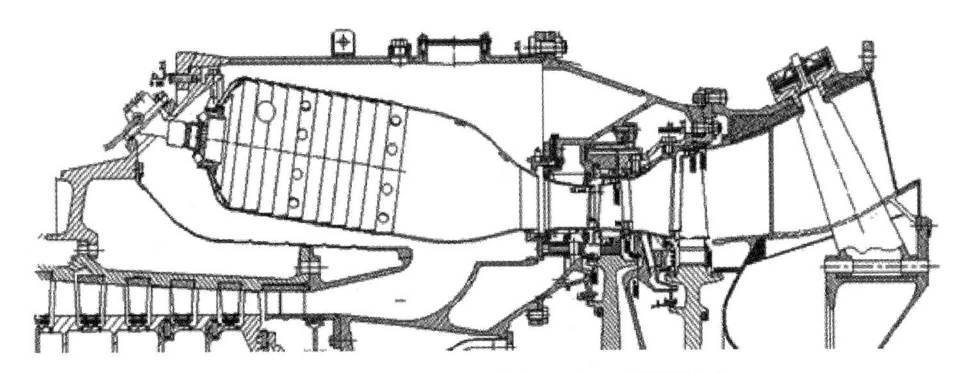

图5－2 国产25MW燃气轮机燃油燃料燃烧室

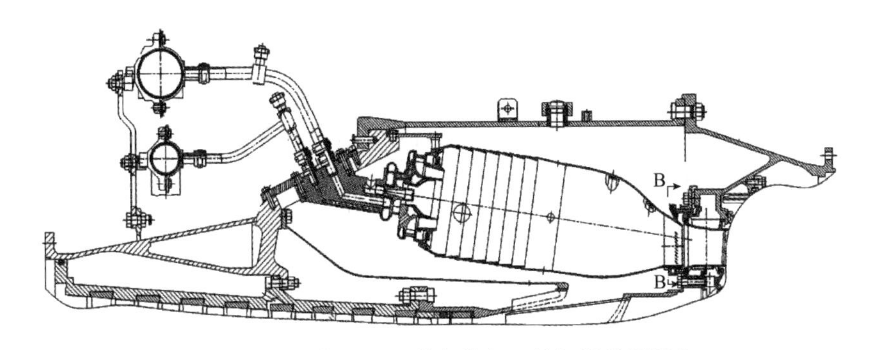

图5－3 国产25MW燃气轮机天然气燃料燃烧室

现有国产25MW燃气轮机燃烧室为环管形结构，与用于海上平台的GE机组环形结构燃烧室相比，两者各有优缺点。环管形燃烧室易于拆装维护，但紧凑性和轻量化不如环形；而环形燃烧室则正好相反。此外，同进口机组环形燃烧室相比，国产25MW燃气轮机燃烧室除结构上的差异外，在燃烧室功能上也有差异，如表5－5所示。进口机组环形燃烧室具备双燃料工作能力，而国产机组燃烧室目前只能适应单一燃料(柴油或天然气)。通过以上分析，国产25MW燃气轮机燃烧室除不具备同时使用气、液两种燃料的功能外，其他如结构形式、可维护性等均可满足海上平台燃气轮机发电机组的应用要求。

表5－5 国产25MW燃气轮机燃烧室对比

名称	单位	国产25MW燃气轮机燃烧室	GE燃气轮机燃烧室
结构型式	—	环管形	环形
火焰筒	个	16	1

续表

名称	单位	国产 25MW 燃气轮机燃烧室	GE 燃气轮机燃烧室
使用燃料	—	单一燃料(柴油或天然气)	双燃料
点火燃料	—	单一燃料(柴油或天然气)	双燃料
燃料切换方式	—	—	液体到气体，手动； 气体到液体，手动和自动
燃料切换工况	—	—	慢车及以上
燃料切换耗时	s	—	≤120

因此，需要将国产 25MW 燃气轮机燃烧室进行适应性改进设计，以满足平台上对双燃料燃烧的需求。

(3)涡轮

国产 25MW 燃气轮机的动力涡轮为 4 级涡轮，转子采用盘轴连接形式，动叶与轮盘采用纵树形榫头、榫槽连接。动力涡轮输出转速为 3000 ~ 3270r/min，用于发电时可直接连接发电机运行。

2. 材料分析

(1)核心机材料分析

海上平台用燃气轮机在运行过程中主要腐蚀影响，既包括来自进气滤后空气中的盐雾，也有经过处理后伴生气中 S、H_2S 等。在选材合理、状态得当的情况下，这些因素不会使机组零部件材料存在腐蚀危害，或者面临严重的盐雾腐蚀、热腐蚀风险等。国产 25MW 燃气轮机关键结构件所用材料主要涉及不锈钢、钛合金和高温合金三大类，其使用性能、技术特点等均能满足海洋环境下长期使用的要求，并且在大量船用机组服役中得到充分验证。

下面结合 Solar 公司 T130 机组部件使用材料情况，对国产 25MW 燃气轮机所用材料在海上平台运行的环境条件下的适用性进行对比分析。

(2)压气机用材分析

国产 25MW 燃气轮机压气机钛合金具有较高的抗盐雾腐蚀能力，虽然在海洋环境下叶片上会沉积盐粒，但所使用钛合金 TC11 与 TC8 均为 $\alpha+\beta$ 型，具有较高的抗热盐应力腐蚀能力，不需要特殊防护。用于压气机部件的高温合金，均为含铬量较高的镍基或铁基高温合金，在抗盐雾腐蚀方面性能优秀。对于以 1Cr12Ni3MoVN、1Cr11Ni2W2MoV 等为代表的马氏体不锈钢，虽 Cr 含量不是很

高，但由于添加了提高其耐腐蚀性的 Ni、Mo 等元素，对于工作在非流通区域弱腐蚀环境中的轴颈类零件，不需要采取特殊防护措施。对于压气机机匣等零部件则采用抗盐雾腐蚀性能较好的磷酸盐水基耐高温涂料 TW－7 涂层防护。

根据相关资料，T130 机组压气机 2～14 级动叶为 IN718 高温合金，第 1 级动叶和可转导叶使用 17－4 PH SS 不锈钢，其他导叶则使用 410 SS 不锈钢，同时不锈钢叶片使用了 SermeTel 防腐蚀漆。这些部件材料与国产 25MW 燃气轮机比较，除2～14 级动叶高温合金以外，其第 1 级转子叶片、可转导叶所用不锈钢材料在耐海洋腐蚀方面不如 α＋β 型钛合金、铁基高温合金。

（3）燃烧室用材分析

国产 25MW 燃气轮机燃烧室零部件大多采用变形和铸造高温合金，如 GH3044、GH3039、K4648 等已经过长期运行考核，可满足抗高温氧化和耐腐蚀的要求。同时，火焰筒表面使用了高温烧结搪瓷涂层，以达到阻止零件高温氧化，延长使用寿命的目的。

根据相关资料，T130 机组燃烧室喷嘴、衬垫采用 Hastelloy X 等高温合金，与国产 25MW 燃气轮机燃烧室所用 GH3044 高温合金在强度水平上基本相当。Hastelloy X 为含铁 17%～20% 镍基高温合金，加工性能较好，适宜用作燃烧室火焰筒等零件，国内相近牌号为 GH3536。在抗氧化性方面，Hastelloy X（GH3536）与国产 25MW 燃气轮机使用的 GH3044、GH3039 相比有所差距，采用增重法测得合金 100h 平均氧化速率对比见表 5－6，GH3044、GH3039 的抗氧化性评定完全满足使用要求。

表 5－6　燃烧室部件平均氧化速率对比

材料	在不同温度的氧化速率/[g/(m^2·h)]					抗氧化性评定
	800℃	900℃	1000℃	1100℃	1200℃	
GH3536	0.060	0.117	0.200	0.611	—	900℃以下完全抗氧化级，900～1100℃为抗氧化级
GH3039	—	0.074	0.251	0.535	1.061	
GH3044	—	0.0971	0.205	0.432	0.788	900℃以下完全抗氧化级，900～1200℃为抗氧化级

（4）涡轮用材分析

国产 25MW 燃气轮机涡轮热端部件选用的铸造、变形高温合金，均为含铬量较高的镍基高温合金，具有很好的抗腐蚀性能。其中，涡轮叶片材料 K444、

K435、K452 在抗氧化、抗热腐蚀方面具有良好的表现。以下为动叶材料 K444、K435，导叶材料 K452 与著名抗热腐蚀合金 K438（K438G）的综合对比情况。其中，抗氧化试验采用增重法，抗热腐蚀试验采用坩埚法。

表 5－7 所示为用增重法测得合金 100h 平均氧化速率对比，K444、K435、K452 的抗氧化性评定完全满足使用要求。

表 5－7　涡轮部件平均氧化速率对比

材料	在不同温度的氧化速率/[g/(m^2·h)]					抗氧化性评定
	800℃	850℃	900℃	950℃	1000℃	
K444	0.049	0.067	0.109	0.218	0.385	850℃以下完全抗氧化级，900～1000℃为抗氧化级
K435	0.0263	0.0609	0.1153	0.2191	0.4126	
K452	0.0329	—	0.0996	0.1107	—	900℃以下完全抗氧化级，950℃为抗氧化级
K438G	—	—	0.033	—	0.203	900℃以下完全抗氧化级

表 5－8 测定了 K444 和 K438 在 900℃，75% Na_2SO_4 + 25% NaCl 混合盐中的平均腐蚀速率。可知，K444 热腐蚀性能明显优于 K438。

表 5－8　耐腐蚀性能对比

腐蚀温度/时间	700℃/200h	800℃/100h	900℃/100h	950℃/100h
K444 腐蚀速率/[mg/(cm^2/h)]	1.20	4.6	0.12	0.48
K438 腐蚀速率/[mg/(cm^2/h)]	—	—	1.90	—

表 5－9 测定了 K435 和 K438 在 900℃，75% Na_2SO_4 + 25% NaCl 混合盐中的平均腐蚀速率。可知，K435 热腐蚀性能明显优于 K438，其在 900℃/20h 的平均腐蚀深度仅为 11.4μm。

表 5－9　耐腐蚀性能对比

腐蚀温度/时间	900℃/20h	950℃/20h	800℃/20h	700℃/100h
K435 腐蚀速率/[mg/(cm^2·h)]	0.28	0.85	0.90	0.93
K438 腐蚀速率/[mg/(cm^2·h)]	5.41	—	—	—

表5－10测定了K452在不同温度和腐蚀介质中的热腐蚀性能，并与K438及典型导叶用钴基合金K640S进行对比。结果表明K452完全满足抗热腐蚀性能要求。

表5－10　耐腐蚀性能对比

腐蚀介质	试验条件	合金	腐蚀失重值/[mg/(cm^2·h)]
$NaCl:Na_2SO_4=1:3$	950℃持续100h	K452	0.387
$NaCl:Na_2SO_4=1:3$	900℃持续100h	K452	0.190
		K640S	腐蚀严重，无法进行失重测量
$NaCl:Na_2SO_4=1:9$	900℃持续300h	K452	0.148
		K438	腐蚀严重，无法进行失重测量
$NaCl:Na_2SO_4=1:3$	700℃持续200h	K452	0.585
		K640S	1.236

对于高温合金而言，Cr是一个非常重要的抗热腐蚀元素，其含量对抗热腐蚀性起关键作用。一般认为，当合金中Cr的质量分数达到15%时，可以在合金表面形成致密且黏附性好的Cr_2O_3保护膜。Cr含量越高，抗热腐蚀性越好。虽然国产25MW燃气轮机与T130机组叶片在材料抗热腐蚀试验上无对比数据，但可以通过Cr含量差异进行判断。K444、K435、K452三种合金含Cr量较高，其抗腐蚀性能优秀。

对于以1Cr12Ni3MoVN、1Cr11Ni2W2MoV等为代表的马氏体不锈钢，除了满足承受较高热应力的强度要求外，还具有一定的抗盐雾腐蚀能力，对于工作在非流通区域弱腐蚀环境中的零件，不需要采取特殊防护措施，但对于接触高温及盐雾较多的涡轮部分机匣类零件，则采用600℃以下抗盐雾腐蚀性能较好的磷酸盐水基耐高温涂料TW－7涂层防护。弹性轴30Cr2Ni4MoV为抗腐蚀性较差材料，其内、外表面及局部也采用了TW－7涂层防护。颊板材料TC6也属于α＋β型钛合金，不需要特殊防护。

综上所述，国产25MW燃气轮机主要关键部件使用的材料，可以满足海洋环境下长期稳定运行的要求。

3. 涂层防护分析

完备的涂层系统是燃气轮机防护体系的重要环节。国外燃气轮机选择与使用环境相适应的先进涂层体系，效果显著。海上平台用国产25MW燃气轮机零部件在有防护需求时一般采用涂层设计，目前主要关键零部件涂层系统的材料及工艺已基本解决。

(1)燃烧室高温防护涂层

燃烧室高温防护涂层主要为烧结陶瓷涂层 W-200，用于火焰筒表面的高温防护等。同时也可考虑使用 ZrO_2 热障涂层提高燃烧室喷嘴的喷口、杯形件和压紧件的耐热性、抗高温氧化和抗腐蚀性能，降低金属温度，延长使用寿命。

(2)涡轮叶片高温防护涂层

作为燃气轮机的核心关键部件之一，该防护涂层主要包括涡轮叶片的热障涂层和渗铝涂层。ZrO_2 热障涂层用于提高涡轮动叶片和导向叶片的耐热性、抗高温氧化和抗热腐蚀性能。渗铝涂层包括 Co-Al 涂层和 Al-Si 涂层，分别用于提高叶片内腔抗热腐蚀性能和防止二级导叶表面高温氧化等。

除燃气轮机核心机主要结构部件以外的其他部分，在海洋环境适应性方面无腐蚀风险。如铝合金部件，通过化学氧化或阳极氧化处理，在表面形成耐介质腐蚀能力强的漆膜保护。机匣表面可采用600℃以下抗盐雾腐蚀性能较好的磷酸盐水基耐高温涂料 TW-7 涂层防护。

5.5 发电机国产化海上应用技术要求

发电机应保证可为海上平台提供安全、可靠的电源，以满足海上平台稳定供电的要求，其主要要求如下。

5.5.1 技术参数

发电机技术参数如表 5-11 所示。

表 5-11 发电机技术参数

额定功率	25MW
额定电压	10.5kV
额定频率	50Hz
功率因数	0.8
极数	2
额定转速	3000r/min
防护等级	IP56
接线方式	Y

续表

绝缘等级	F
温升等级	B
励磁方式	无刷励磁
噪声(声压级)	≤85dB(A)
效率(包含励磁损耗)	97.7%

5.5.2 技术要求

技术要求如下：

(1)发电机及其附属系统制造使用的结构材料如钢材、管接头、锰钢板、紧固件等材料均应符合海洋平台使用标准和相关国际标准。

(2)发电机所有的绝缘漆、面漆均应满足海洋平台处于高潮湿、高盐雾腐蚀、高温及霉菌等特点的复杂使用环境。

(3)应采用无刷励磁结构方式。励磁机为定子励磁、转子发电形式，永磁机的转子绕组采用永磁体结构。

(4)发电机应配有励磁调节器、发电机保护装置，并具有励磁保护功能。

(5)发电机应具有一定的短时过负荷能力，能承受1.5倍额定定子电流历时30s无损伤。

(6)发电机应能承受一定的稳态和暂态负序电流的能力，符合GB/T 755—2019《旋转电机 定额和性能》中7.2.3条要求：稳态 I_2/I_N 最大值0.08；暂态 $(I_2/I_N)^2 \times t$ 最大值20s。

(7)发电机配备防爆型加热装置以保证停机时发电机的绝缘要求。

(8)在额定功率因数下，发电机输出电压波动范围不超过额定电压的±5%。发电机输出频率波动范围不超过额定频率的±2%，并且在上述电压和频率范围内，额定冷却介质条件时应能连续输出额定功率，并长期稳定运行，且应与燃气轮机额定功率匹配。

(9)发电机定子绕组在空载及额定电压、额定转速时，线电压波形畸变率不应超过5%。

(10)发电机转子出厂前应进行超速试验，转速为额定转速的120%，历时2min，转子应无永久性的异常变形和妨碍电机正常运行的其他缺陷，且转子绕组在试验后能满足耐电压试验的要求。

5.5.3 适应性分析

1. 应用环境分析

海上平台环境具有高潮湿、高盐雾腐蚀、高温及霉菌等特点，在海上平台使用发电机时，应根据海上平台具体要求，做出相应改进，以保证发电机能够在海上平台安全、可靠地运行。改进设计内容如下：

(1)满足海洋环境相关防腐标准。

(2)满足海洋环境相关电机技术要求及规范。

(3)降低发电机重量及占地尺寸。

(4)采用合理的结构设计，便于安装、调试和维护。

2. 冷却方式分析

由于海上平台占地面积及结构的限制，要求发电机结构紧凑，尺寸较小。发电机本体应进行轻量化设计，减小发电机体积，以符合海上平台轻量化设计要求。为适应海上平台高潮湿、高盐雾腐蚀、高温的使用环境，平台用发电机可采用箱式空冷、空 - 水冷或空 - 空冷的冷却方式。各种冷却方式特点如下：

(1)空冷冷却

开放式的冷却方式，上部加装防雨罩，依靠发电机自身风扇形成开放式风路。空冷方式的优点为没有冷却器、体积小、重量轻、噪声相对低，无须循环冷却水。但其存在防护等级低、换热能力有限等缺点，适合小容量的机组。鉴于海上平台严苛的使用环境，空冷方式较低的防护等级并不适合海上平台使用。

(2)空 - 水冷却

依靠发电机本体内部安装的风扇形成内部风路循环，将发电机运行中产生的热量经过内部风路循环送入冷却器中，冷却器通过冷却管将热量交换给冷却水管中的海水，由海水将热量带走，冷却水和空气相互隔开。空 - 水冷方式的优点为防护等级高、冷却换热效率高、换热能力较强、噪声低、冷却散热效果好，适合大容量机组使用。但这种方式需要增加一套循环冷却水系统。

(3)空 - 空冷却

发电机内部产生的热量经过冷却管将热量交换给冷却管中的冷空气，受热后

的冷空气经过风冷电机循环到外部。空－空冷却方式的优点为防护等级高，不需要循环冷却水。但其存在冷却换热效率一般、换热功率有限、整体噪声大、冷却风量大、换热器体积大、受环境温度影响大等缺点。

受平台面积限制，需要尽量减少设备的占地面积和重量，因此25MW发电机组将采用空－水冷方式，采用海水直接冷却发电机，这样可以最大限度减少发电机重量和体积，便于发电机在平台上的安装、维护、检修。

综上对比可以看出，空－水冷却方式比较适合在海上平台使用，可以就地取材使用海水进行冷却，节约有限能源。

5.6　附属系统国产化海上应用技术要求

附属系统一般包括滑油系统、燃料前置系统、进排气系统、箱体及通风系统、底架与隔振系统、消防系统，电气系统与控制系统等。本节结合海上平台通用要求及相关设计标准，提出国产燃气轮机发电机组附属系统的技术要求。

5.6.1　滑油系统

燃气轮机滑油系统为燃气轮机提供一定压力、温度的清洁润滑油，以满足燃气轮机在正常工作时对轴承润滑、冷却的需要，海上平台用燃气轮机发电机组中，燃气轮机与发电机分别采用两个独立的滑油供应系统。

其中，燃气轮机滑油系统的系统原理如图5－4所示。

在燃气轮机运行时，燃气轮机滑油先通过油箱内的吸油过滤器，再经增压泵增压将滑油送至双联过滤器过滤，后送入燃气轮机自带的辅助滑油泵，再经燃气轮机自带的主滑油泵输入燃气轮机各轴承润滑点进行润滑和冷却，润滑和冷却后的滑油经中、后轴承抽油泵抽出，先经过空气分离器进行油气分离，油气直接流回油箱，分离的滑油流过冷却器，经滑油冷却器冷却后流回油箱。油箱内的油气通过管道排入燃气轮机尾气。在寒冷的冬天，滑油循环前，通过油箱内安装的2个电加热器，先将滑油加热到10℃。为了保证系统的正常工作，在油箱和管路上安装有温度传感器、金属末探测器、液位开关、液位计和压力变送器以监测系统的油压、油温、油位和金属末是否符合设计要求。

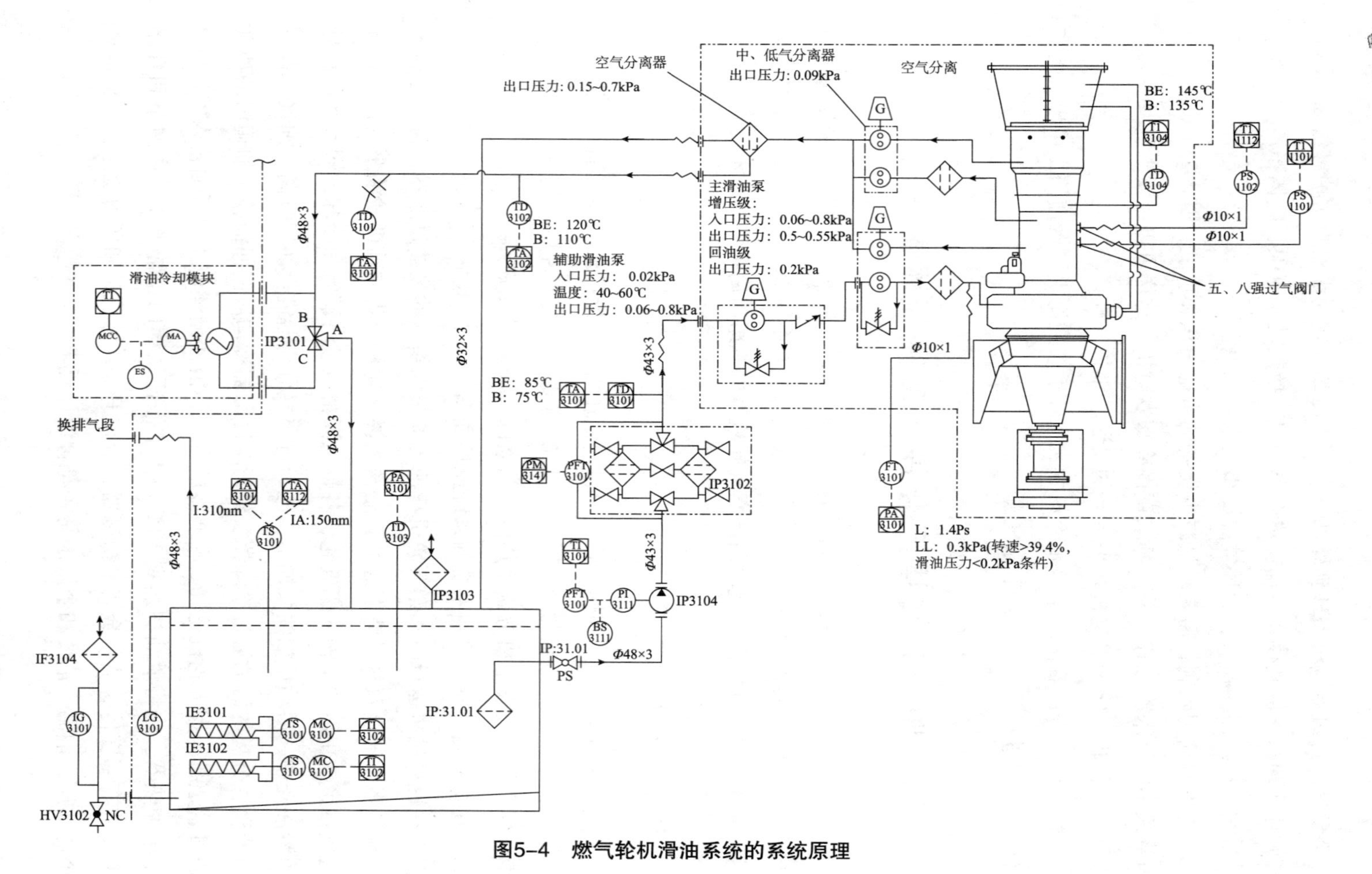

图5–4　燃气轮机滑油系统的系统原理

发电机滑油系统的系统原理如图5－5所示。

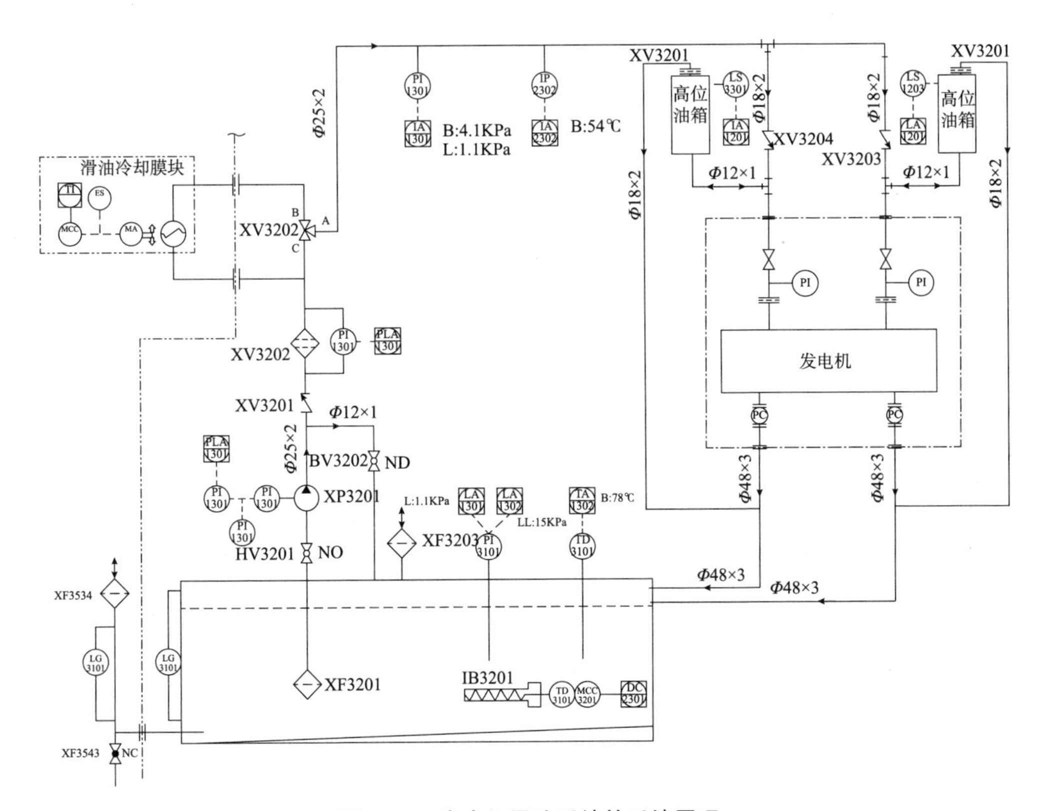

图5－5　发电机滑油系统的系统原理

发电机滑油系统：发电机正常工作时，循环油泵从油箱中吸油过滤器将油抽出，通过压力调节阀使压力保持在0.05～0.15MPa，先经过滤器过滤后，再通过温控阀自动调节控制滑油流经滑油冷却器的流量并进行冷却，最终进入发电机前后轴瓦进行润滑和冷却。润滑和冷却后的滑油经发电机的回油口流回至油箱。

在寒冷的冬天，滑油循环前，通过油箱内安装的电加热器，先将滑油加热到10℃。为了保证系统的正常工作，在油箱和管路上安装有温度传感器、液位开关、液位计和压力变送器以监测系统的油压、油温和油位是否符合设计要求。

1. 性能要求

滑油系统设计应达到表5－12所列的性能要求。

表5－12　滑油系统性能要求

系统/设备	性能参数	指标	备注
燃气轮机滑油系统	供油温度	30～50℃	
	回油温度	<100℃	
	回油压力	0.3MPa	
	流量	15000kg/h	最大流量
	过滤精度	10μm	
发电机滑油系统	供油温度	35～65℃	以发电机实际要求为准
	回油温度	<90℃	
	流量	110～120L/min	
	过滤精度	5μm	

2. 技术要求

（1）滑油系统应配备下列润滑系统附件：

①由燃气轮机轴驱动的主滑油泵组，保证滑油的供给和回油；

②电动供油泵和电动回油泵，保证在起动工况，停机工况或者在燃气轮机停机不工作情况下供给滑油。

（2）燃气轮机滑油腔和滑油箱应设置通风管，以便将空气滑油混合物排放到静态油气分离器中。

（3）燃气轮机滑油系统中应配有工艺循环泵，用于滑油箱闭式循环。

（4）发电机滑油系统中应配有主供油电动泵、备用供油电动泵、应急油泵和顶升油泵。

（5）燃气轮机与发电机滑油系统应配有加热器，用于油箱加热。

（6）在滑油系统中应设置滑油取样口，方便在线监测滑油品质。

（7）滑油滤器应采用防静电滤芯。

（8）滑油系统采用空气冷却器，空气冷却器管束采用不锈钢材质。

3. 适应性分析

国产25MW燃气轮机由其本体结构决定，机带泵只能满足燃气轮机润滑需求，且采用压力回油方式，而发电机采用重力回油的方式，因此燃气轮机与发电机需要配置两套独立的滑油系统。国产机组发电机的滑油系统与GE机组类似，配置主供油泵、备用供油泵、应急油泵及双联过滤器等，增强系统可靠性。燃气

轮机与发电机润滑油均采用空气冷却的方式，空冷器单独设计成橇。该种滑油系统设计已在多个项目中得到广泛应用及验证，部分在沿海地区数个终端处理厂中应用，稳定运行。

国产燃气轮机发电机组与海上平台其他进口机组在燃气轮机上的滑油系统存在部分差异(见表5-13)，在海上平台发电机组国产化项目中将仍沿用燃气轮机和发电机两套独立的滑油系统。针对海上平台环境条件的特殊要求，改进设计中重点将两个滑油橇进行集成优化设计，开展滑油橇设备紧凑化设计，以减少滑油系统的占地面积。同时考虑平台应用时，滑油橇露天布置在海洋环境下，防腐要求相对船用机舱内布置及陆用环境高，在元器件材料选择方面要着重考虑。

表5-13　国内外机组滑油系统对比

对比内容	Solar	GE	国产25MW
集成方式	燃气轮机橇内	燃气轮机橇内外	燃气轮机橇外
冷却方式	水冷	空冷	空冷
油箱数量	1	2	2

5.6.2　双燃料前置系统

双燃料前置系统是为燃气轮机提供气体燃料和液体燃料，其中以天然气作为主要燃料，以轻柴油作为备用燃料。

燃料系统由箱外燃料系统和箱内燃料系统组成，箱外燃料系统由工程方负责设计，箱外的切断阀和放空阀属于箱外燃料系统。箱内燃料系统实现模块集成，主要由Y型过滤器、燃料切断阀、燃料调节阀、燃料放空阀、手动阀、点火电磁阀、温度传感器、压力变送器等设备组成。根据功能不同，箱内燃料系统又分为点火管路和主供气管路。箱内燃料系统的作用是根据燃气轮机的运行状态适时调节燃料的供给压力及流量。燃料系统流程如图5-6所示。

其工作过程是：气体燃料通过箱外的切断阀后通过管道进入Y形过滤器，切断阀和Y形过滤器间设有放空阀，以利于停机时放空用。在机组内，76μm过滤器后设有两个快速燃料切断阀以满足燃气轮机紧急停车需要。在两个切断阀之间设有点火管路与放空管路，点火管路上设有手动调节阀和点火电磁阀，以供给燃气轮机点火用。两切断阀后接燃料调节阀以控制燃料供给量，以满足不同功率的要求。

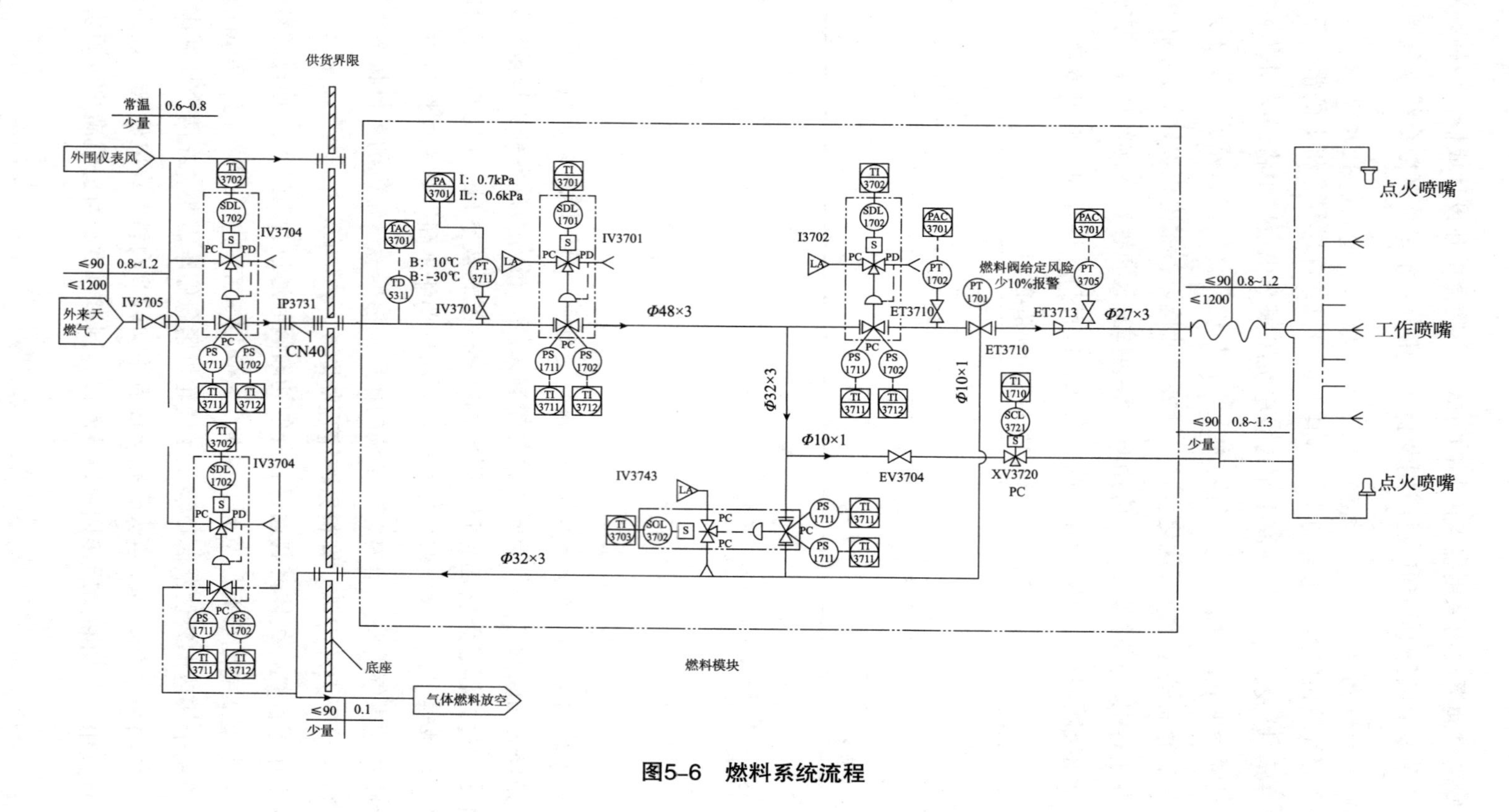
供货界限
常温
0.6~0.8
少量
外围仪表风
≤90
0.8~1.2
≤1200
外来天燃气
IV3705
IV3704
IP3731
CN40
I：0.7kPa
IL：0.6kPa
B：10℃
B：-30℃
IV3701
Φ48×3
I3702
燃料阀给定风险少10%报警
ET3710
ET3713
Φ27×3
Φ32×3
Φ10×1
EV3704
XV3720
PC
IV3743
≤90
0.8~1.3
少量
点火喷嘴
工作喷嘴
点火喷嘴
底座
燃料模块
气体燃料放空
≤90
0.1
少量

图5-6　燃料系统流程

1. 性能要求

双燃料前置系统设计应达到表5－14所列的性能要求。

表5－14 双燃料前置系统性能要求

燃料类型	参数	技术指标
液体燃料	进口压力	0.18～0.3MPa
	流量	0～6900kg/h
	温度	20～40℃
	过滤精度	10μm
气体燃料	进口压力	(3.5±0.1)MPa
	流量	0～6100kg/h
	温度	高于燃料露点20～75℃
	过滤精度	10μm

2. 技术要求

技术要求如下：

(1)燃气轮机供应商应确认平台上的燃料条件能否满足燃气轮机要求，并根据实际情况确定双燃料前置系统的设备需求。

(2)燃料气系统，包括"Y"形燃料过滤器、必要的仪表、燃料总管和喷嘴、带中间通气阀的双燃料关闭阀，起动前的自动操作和清洗系统、燃料控制阀及必要的辅助仪器。

(3)液体燃料系统，包括燃料过滤器、燃料供给泵、燃料关闭阀、必要的仪器、燃料控制阀、燃料喷嘴及总管。

(4)燃料管线应当是不锈钢材料，应减少使用挠性软管，如使用，仅限于允许相对运动的位置。

(5)为了防止滞塞，应设计包括冲洗或泄放来自燃料总管的液体燃料设施。在气体燃料工作时，液体燃料管路、喷嘴、总管等应当自动地连续冲洗，以防止堵塞。

(6)双燃料系统机外部分应匹配机上燃料系统中的双燃料切换能力。

(7)除非另有规定，液体燃料泵应由电机驱动，并且位于燃气轮机箱体外部。

3. 适应性分析

根据海上平台用燃气轮机需采用双燃料系统的特殊要求，国产25MW燃气轮机将进行双燃料燃烧系统的改造，因此双燃料前置系统也将相应地配置气体燃料部分及液体燃料部分。针对单一燃料(油或气)的燃气轮机配套燃料系统采用成橇布置，该种配置形式在船用、近海、内陆及沙漠地区等项目均有实际应用，运行情况稳定，技术已经成熟。针对国外项目双燃料机组的燃料前置系统也有成熟的配套经验，中石油伊朗北阿油田 UGT15000 双燃料机组已经投运，目前运行情况良好。国内外燃气轮机燃料前置系统如图 5－7 所示。

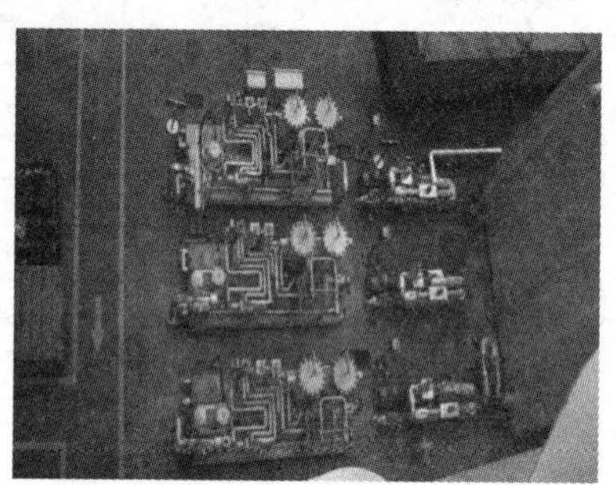

图 5－7　国内外燃气轮机燃料前置系统

结合平台调研结果，平台用双燃料前置系统的布置及组成可依据平台对燃料的处理能力进行设计。某些平台可以直接提供满足燃气轮机运行需求的燃料气，则可以取消气体燃料处理装置，前置燃油系统可以结合平台的日用油罐统一考虑，优化空间配置。国产机组现有的燃料前置系统配套技术能够完全满足平台使用要求，改进设计中仅需对橇体尺寸及布置进行优化，同时考虑方便操作、维护及耐腐蚀元器件选型等工作。

5.6.3　进排气系统

1. 性能要求

进排气系统设计应达到表 5－15 所列的性能要求。

表 5－15　进排气系统性能要求

参数	技术指标
进气损失	不大于 $100mmH_2O$
滤后含盐量	$<0.01\times10^{-6}$
过滤器流量	不小于额定流量的 110%
排气损失	不大于 $150mmH_2O$

2. 技术要求

(1)材料及结构要求

①整个进气流通区域，不允许有容易脱落的部位，并且在燃气轮机进气口处安装不锈钢增强粗网眼滤网；

②进、排气系统的布置方向应不同，避免排气烟气进入进气系统；

③进气内通道的材料要求不低于304不锈钢，排气内通道及进排气外通道应使用防腐、防盐雾的涂层；

④排气系统的材料根据排气温度选用碳钢的种类，如抗腐蚀碳钢等；

⑤在排气系统中应当提供出入口，以便于清理和检查排气系统。

(2)过滤器的要求

①进气过滤器应适用于海洋环境和条件，至少包括一级预过滤，一级精过滤。应提供非吸收式过滤器滤芯，如玻璃或聚丙烯纤维等；

②过滤器中的气体流速应为低速或中速，以实现过滤器内较低的压力损失；

③位于过滤器下游处的全部布线和电缆管道应在气路的外侧；

④全部支撑结构钢应栓结和焊接；

⑤每一过滤系统清洁空气侧上的全部密封和接头应是气密的，全部接点应连续密封焊接。

(3)消音器的要求

①消音器应能满足规定的系统噪声极限要求；

②消音器以水平或垂直在管道系统中安装时，端部安装边应有足够刚性支撑；

③消音器挡板结构应能够阻止挡板密封材料进入气流内；

④多孔板应以不锈钢制成；

⑤消音器应防止由于声音或机械共振引起的损坏。

3. 适应性分析

(1)进气系统

平台应用的燃气轮机进气系统与陆用的区别较大，陆地环境灰尘较多，进气系统中需设置进气反吹装置，定期除尘。海上平台机组运行在海洋环境条件下，空气清洁度高但湿度较大，不需要进气反吹除灰尘功能。为了保护机组通流部分不受腐蚀，机组对除盐效率有较高的要求，与船用机组接近。

国产 25MW 燃气轮机进气过滤系统可以在船用和陆用机组的基础上，考虑过滤、除盐、防冰等功能，同时需要加设防鸟网防止飞鸟进入进气室内部损坏过滤组件。采用三层过滤结构，精滤级别为 E11 级，进气除盐效率保证 0.006×10^{-6} 以内，满足燃气轮机对进气滤后含盐量 $<0.01 \times 10^{-6}$ 的要求。同时考虑平台应用对尺寸重量的要求，需要在集成橇装、整体尺寸方面进行优化设计。平台进口机组与国产陆用机组进气系统对比如图 5－8 所示。

图 5－8　平台进口机组与国产陆用机组进气系统对比

(2) 排气系统

海上平台燃气轮机的排气系统与陆用机组在结构上并无显著区别；在材料上，GE 机组排气系统主体材料采用 S275JR，国内对应排号为 Q295，国产 25MW 燃气轮机排气道选用的材料为 Q345B，其韧性及屈服强度更高，同时在设计时考虑排气烟道隔热。国产平台机组与进口机组的排气系统结构、布置形式如图 5－9 所示。

(a)GE机组排气方式

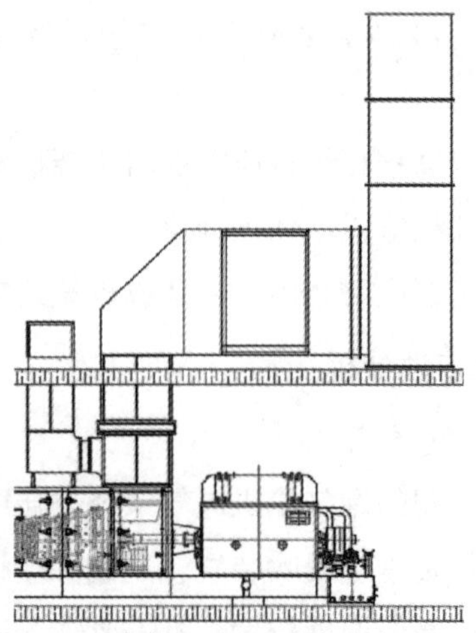

(b)国产25MW机组排气方式

图 5－9　国产平台机组与进口机组排气系统对比

5.6.4　箱装体及通风系统

(1)主机箱装体

主机箱装体主要为燃气轮机提供保护以防止大气环境的直接影响，降低机组噪声对工作场所及周围环境的污染，并设置通风、消防、照明、隔热的功能，还作为结构件支撑顶部的箱体通风、进气消声器等设备。主机箱整体安装于燃气轮机底座上，通过螺栓及密封垫与底座连接。

(2)通风系统

箱体通风系统的作用是：带走燃气轮机及其他箱内设备产生的热量，避免因箱体内温度过高导致零部件失效及其他意外情况发生、稀释和带走在故障状态下可能泄漏的可燃气体、避免爆炸混合气体的产生，其系统原理如图5－10所示。

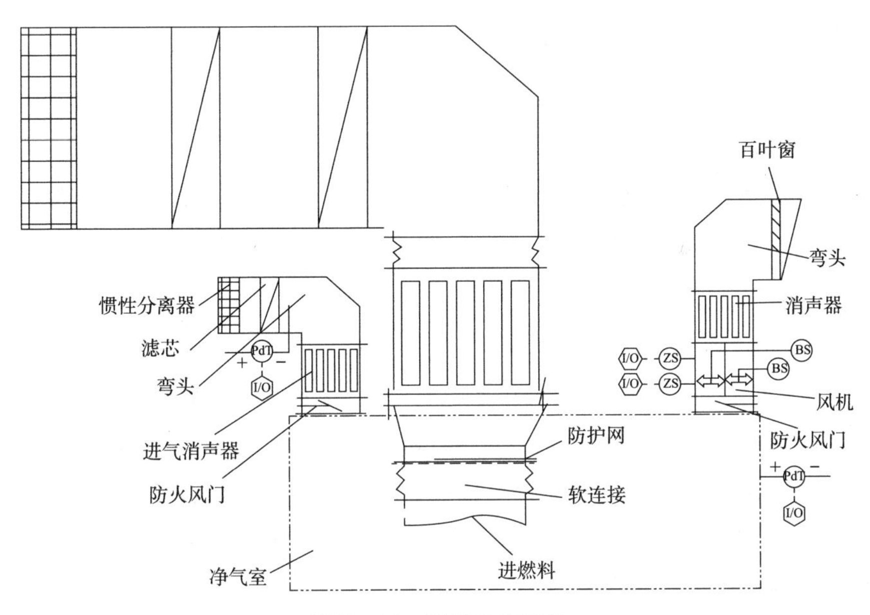

图5－10　通风系统原理

系统原理：外部的空气先经百叶和挡虫网，再经过滤芯过滤后的洁净空气通过进气消声器、防火风门后进入主机箱装体内燃气轮机进气端部位，流经整个箱体带走热量，再经安装在箱体顶部的防火风门、风机抽出，经消声器消声后排入大气中。

1. 技术要求

技术要求如下：

(1)箱体采用阻燃材料，用于噪声的衰减及热绝缘，不允许使用石棉或基于石棉的材料；

(2)箱体壁板采用碳钢材料，并涂以防腐涂层及防护涂层；

(3)箱体应具有良好的密封性，能够防尘防风雨；

(4)箱体结构应设计成可拆卸壁板及支柱，便于燃气轮机出舱；

(5)通风系统应配置空气过滤和消音装置；

(6)通风系统进排气的管道需为防水形式，并配置防火阀；

(7)为防止通风系统损坏而影响燃气轮机，通风风机采用冗余设计。

2. 适应性分析

箱体与通风系统国内技术比较成熟，除国产机组在国内外项目中广泛应用和验证外，也曾为西门子等国外燃气轮机厂商配套过箱体及通风系统。同时针对海上平台，早在2004年就曾经针对中海油涠洲海上平台3台Solar机组箱体出现的腐蚀损坏等问题进行了处理，重新设计并供货了3套箱体，满足海上平台机组应用的需求。本次适应性分析，将重点考虑机组侧出舱的需求，对部分壁板、开门形式、支撑框架结构进行针对性设计。

平台用箱体通风系统的进风与燃气轮机燃烧进气大多整合在一个进气室内，经过一级过滤，用通风风机将部分气流引入通风系统。GE机组的通风形式为从燃气轮机舱的前部、尾部通气，从中间的高温部分出气，这种方式能够有效防止机舱内局部温度过高，国产机组的箱体在通风设计中也将考虑前后通风及常规的顺流通风等形式，最终将通过温度场计算及与船用和陆用型实际应用对比分析后确定采用哪种形式。

5.6.5 联轴器

1. 技术要求

(1)额定条件。

①燃气轮机输出功率：25000kW；

②转速：3000r/min。

(2)超额定功率条件下工作。

①燃气轮机输出功率：30000kW；

②转速：3000r/min。

(3)扭矩要求。

①额定扭矩：80kN·m；

②运行最大扭矩：95.5kN·m；

③极限扭矩(超扭保护器脱开扭矩)：127kN·m。

(4)联轴器需具有超扭保护功能。

2. 适应性分析

燃气轮机输出轴与发电机间通过联轴器实现同轴连接，联轴器为叠片式挠性联轴器，起传递扭矩、补偿一定程度的轴向和角向不对中、吸收工作时的热膨胀，确保燃气轮机安全运行的作用。联轴器、燃气轮机动力涡轮输出端和发电机输入端均采用法兰连接。联轴器及防护罩均需要满足海洋环境运行要求。

5.6.6 底架与隔振系统

底架用于承载燃气轮机、齿轮箱、发电机以及燃料、起动、润滑油系统等辅助系统。如图5-11所示，海上平台的种类多样且大多数为浮动式，平台通常采用钢结构，在受到海浪和海风的冲击时会产生较大的波动，因此安装在平台上的底架需要考虑平台波动对燃气轮机机组对中的影响，采用整体式结构：

(1)在原有总底架的基础上，增加仅用于燃气轮机和发电机的支撑的辅助底架，更加紧凑式、小型化的底架结构具备更高的刚度。

(2)在辅助底架下方设置橡胶隔振器，隔振器具有垂向与横向刚度，布局方式采用三点支撑式，能够有效地减少平台波动对燃气轮机对中的影响，对振动起到解耦的作用。

(3)通过燃气轮机机组的振动模型，模拟平台波动检验隔振效果，并实现隔振器刚度、阻尼等参数优化。

(4)底架上设置倾角传感器，并根据平台的波动参数设置报警值，当倾角超过报警时发出紧急停机信号，防止机组遭受严重损失。

平台进口机组与国产陆用机组进气系统对比如图5-11所示，燃气轮机机组总底架和辅助底架如图5-12所示，燃气轮机底架振动模拟与分析如图5-13所示。

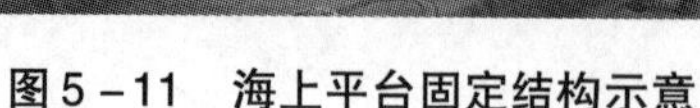

图5－11　海上平台固定结构示意

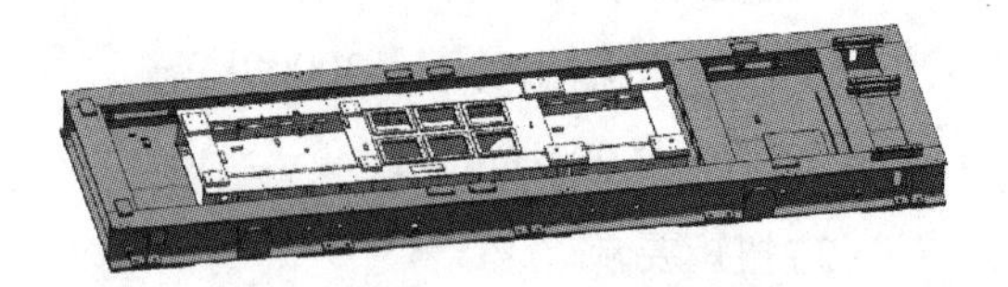

图5－12　燃气轮机机组总底架和辅助底架

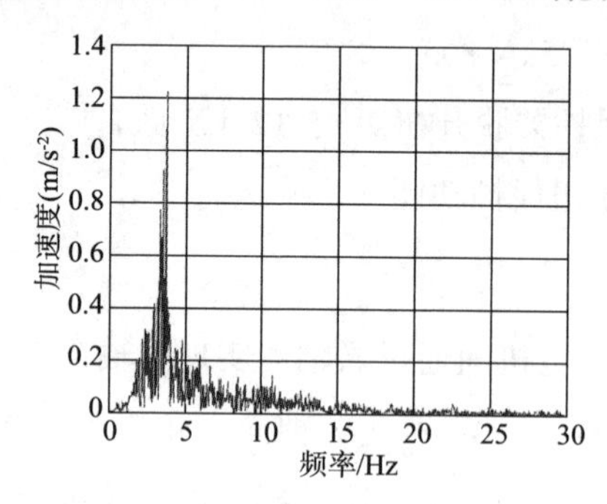

图5－13　燃气轮机底架振动模拟与分析

1. 技术要求

国产燃气轮机发电机组采用燃气轮机与发电机共用一个底架的形式，且需要配置隔振系统。对于底架、隔振系统有以下技术要求：

(1)底架应具有足够的强度，满足机组支撑、吊装、正常运行的强度要求。

(2)底架应当适合于立柱安装，使规定点上具有足够的支撑刚性。

(3)底架应当至少带有4点起吊的凸耳，吊耳焊接接头必须完全焊透，满长度连续焊接，然后进行非破坏性试验。

(4)底架设计应预留足够的电气、管路接口，并保证接口的密封性能。

(5)底架上接口位置的设计应满足机组的实际需求，尽量集中。

(6)底架应当配备有滴水收集器和低点排水沟。

(7)隔振系统要有足够强度，能够满足机组支撑及平稳运行的需求。

(8)隔振系统的设计应利于现场机组的安装及调整。

(9)隔振系统应具有合适的刚度能够实现隔振功能，减少机组运行时对平台的振动影响，同时要设有限位装置，保证变形量在可控范围内，保证机组的外部连接及机组安装的稳定性。

2. 适应性分析

(1)整体底架

为了方便运输，陆用大型燃气轮机发电机组多采用分体式底架，机组安装在

水泥浇筑的钢筋混凝土基础上，在运行过程中基础不会产生变形，从而不会影响机组的对中，所以陆用机组不需要采用公共底架。

船用机组由于船体结构特性及船舶运行条件，船体结构的微量变形会对机组对中造成影响，因此需要采用整体底架。某型船用发电机组现已经过了近1000h试验考核，其整体底架结构如图5－14所示。

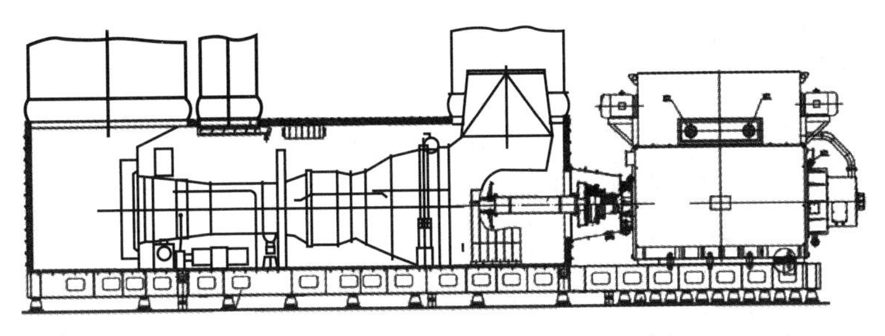

图5－14 国产船用25MW燃气轮机底架

海上平台条件下，整个平台采用钢结构，钢结构在受到海浪和海风的冲击及受到平台上机械设备运行的影响，同样会产生变形并对机组对中造成影响。因此平台用机组与船用机组相似，需要采用整体底架结构。针对平台使用环境，以船用机组底架为基础开展优化分析及设计，对整体底架的对外接口(管路和线缆)进行优化布置设计，并对底架上承载的设备优化布置及集成设计，同时为燃气轮机侧出维护方案考虑开展燃气轮机底架改造设计工作。

(2)隔振形式

由于船舶运行存在着横倾纵摇等姿态，同时考虑水下的爆炸冲击，所以船用型机组多采用多点支撑或双层浮筏结构形式来满足机组的减振抗冲击要求，国产船用机采用多点支撑减振结构，多点支撑隔振系统安装工序复杂，减振和限位部件之间的空间较小，增加了安装工作的难度。一套隔振系统有多个减振和限位部件，减振部件刚度相同但承受载荷不同，致使调平工作量非常大，因此多点支撑隔振系统并不适用于海上平台燃气轮机发电机组。

三点支撑的隔振形式在海上平台燃气轮机发电机组得到广泛应用，该种支撑形式可以保证运行时燃气轮机和发电机始终在一个平面上，保证机组的对中不变；同时使用该种支撑形式可减少机组安装和维护检修时的工作量，大大降低了安装调试的难度，缩短了安装调试周期，因此初选三点支撑隔振形式，如图5－15所示。

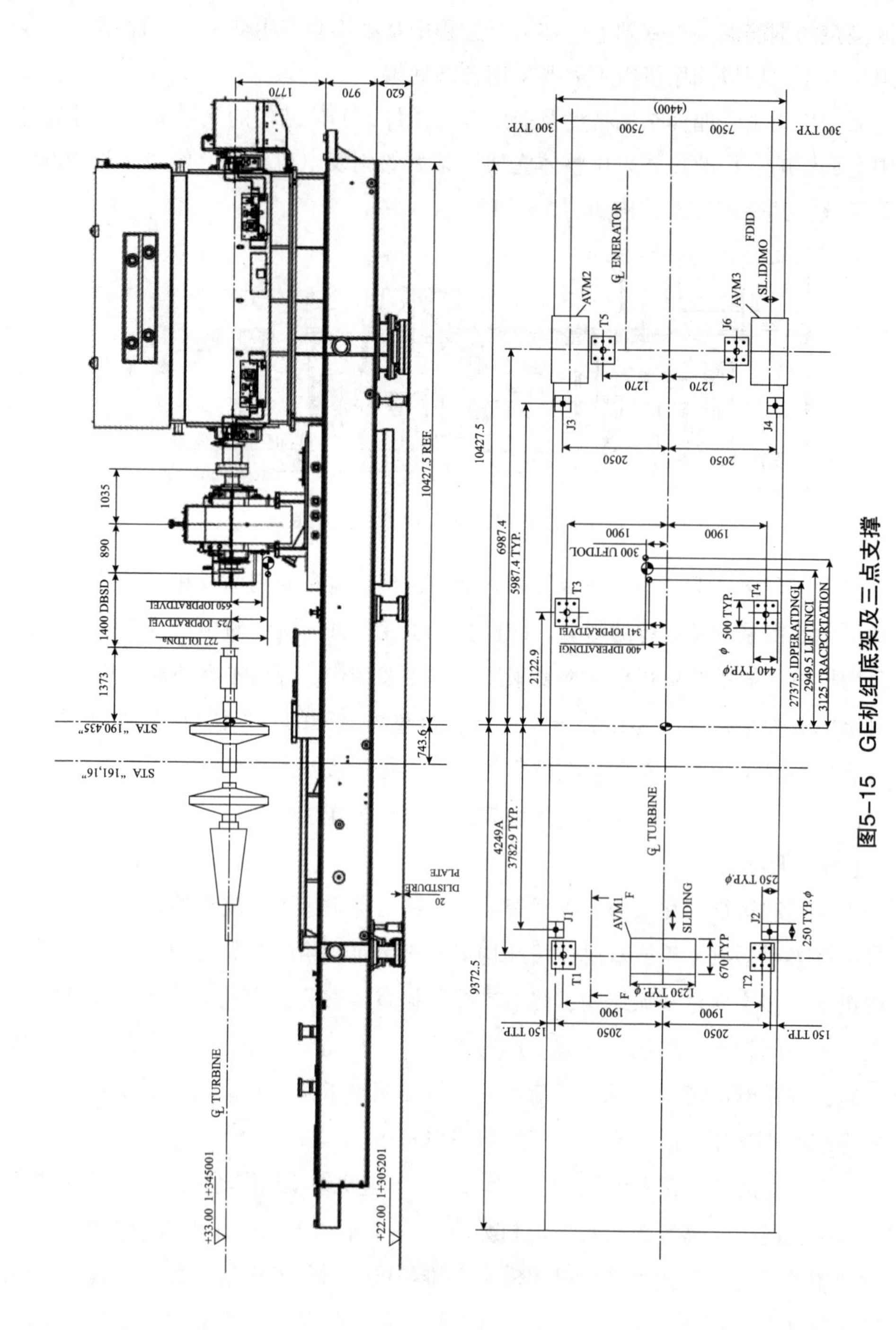

图5-15　GE机组底架及三点支撑

(3)三点支撑系统

通过平台实地调研发现，渤中34－2/4平台机组使用三点支撑系统后，发电机组燃气轮机侧地面感受到的振动较小，而发电机侧地面的感受振动较大；同时，在有一定距离的生活楼内，也能感受到发电机组的振动。因此，发电机组使用三点支撑系统需要开展深入、细致的分析和计算工作，同时需要平台提供大量的设备结构数据，用于支撑三点支撑系统的全面分析。

(4)减振器分析

经调研GE发电机组发现，其采用三点支撑隔振系统方案，减振器由金属弹簧和阻尼元件组成。隔振系统配备有高性能保护漆系统，适用于高盐、高腐蚀的海洋气候，因此初选金属阻尼减振器。目前国外适用于海上平台的金属阻尼减振器已经比较成熟，其减振器已经有很多在海上平台成功应用的案例。国内大载荷金属阻尼减振器供应商较少，没有相关海洋环境的应用案例。

综上所述，船用燃气轮机发电机组和海上平台燃气轮机发电机组在公共底架设计上基本采用相同设计理念，而由于平台要求机组尽可能集成化，因此平台用的公共底架上更需针对对外接口、线缆进行集成化设计；而船用机组采用多点减振器的隔振方式，并未采用过三点支撑系统，因此需要针对三点支撑的隔振方式开展针对设计。

5.6.7　消防系统

在石油和天然气行业中，防爆和防火尤其重要。石油伴生气中含有一些碳氢化合物，自燃温度较低。除正常的火灾探测之外，燃料泄漏探测也至关重要。

燃气轮机的消防系统一般包括灭火系统、火灾探测系统、燃料泄漏监测系统。

火灾探测器为火焰探测器和感温探测器。火焰探测器包含1个三波长红外传感器模块和控制电路，控制电路位于防爆壳体内部，探测器具有自动测试功能。

感温探测器能探测隔音箱体内部火灾部位的温度，探测器的敏感元件位于不锈钢壳体中，当探测部位固定温度超过设定值时，温度探测器会向消防系统控制器发出报警信号。

燃料泄漏测传感器是一种红外气体探测器。该探测器能对可燃烃类气体(CH_4)进行连续监测。探测器带有1个LED状态指示灯，1个内部磁力校准开关和一条外部校准线。可燃烃类气体进入传感器和红外光源照射的内部测量室后，红外线会穿过此类气体，进而使某些波长的红外线被气体吸收。通过红外线吸收量可测定出可燃烃类气体浓度，红外线吸收量则通过一对光学探测器和相关电子器件进行测量。可测得被吸收的红外光(有源信号)相对于未被吸收的红外光的强度变化。微型处理器会对气体浓度进行计算，并将结果转换为4～20mA的电流输出信号，再将输出信号传送至外部控制和显示系统。

消防系统设计有紧急启停按钮，紧急启停按钮安装在隔音箱体外控制室的两侧，用于手动紧急释放CO_2或紧急停止释放CO_2。

消防系统还设计有声光报警灯，声光报警灯安装于隔音箱顶部。红色声光报警器通过鸣响警报并闪光以指示火情。黄色声光报警器通过鸣响警报并闪光以指示灭火剂已释放。蓝色声光报警器通过鸣响警报并闪光以指示燃气泄漏。根据安全规范的要求，如果单个探测器检测到火灾时，仅发出声光报警信号提示运行人员，但不释放灭火剂，防止了因单个传感器故障后导致不必要的紧急停机。如果同时有两个探测器检测到火灾，且系统处于自动状态时，控制系统将释放灭火剂。

灭火系统主要包括CO_2喷嘴、气瓶站内电磁型驱动装置、气瓶站内称重装置、气瓶站内灭火剂瓶组架、气瓶站集装箱、气瓶站内信号反馈装置、气瓶站内隔离阀组件。隔离阀组件包括1个球阀和1个限位开关，安装于气瓶站CO_2灭火剂集流管路输出端，阀件启/闭状态信号可以通过燃气轮机控制面板上的消防隔离指示灯指明。该阀门为手动操作，用于防止维护人员在隔音箱中进行作业时CO_2发生意外释放。

灭火系统的功能是在保护区域实现1min内达到37%的CO_2灭火浓度，并且能够保持抑制浓度20min，以使表面温度冷却，避免复燃。其中灭火剂供应装置的作用是储存并提供足量的CO_2灭火气体，灭火管道的作用是将CO_2灭火剂输送并喷放至各个灭火点。

灭火系统具有自动、手动和应急操作三种起动方式。

自动控制：防护区和消防控制室均无人时，将气体灭火控制盘内转换开关置于“自动”位置，灭火系统处于自动控制状态。任一个可燃气体探测器输出浓度高于报警信号，燃气轮机立即停机。任一个温度探测器和任两个火焰探测器(三选二逻辑)同时发出报警信号，燃气轮机立即停机，灭火控制器延时30s后，自

动起动灭火系统进行灭火。

手动控制：在防护区内有人工作或值班时，将气体灭火控制盘内转换开关置于“手动”位置，灭火系统即处于手动控制状态。当防护区发生火情，可按下气体灭火控制盘上手动起动按钮，或起动设在防护区门外的紧急起动按钮，即可按上述程序起动灭火系统，实施灭火。手动控制实施前防护区内人员必须全部撤离。

当发生火灾警报，在30s延迟时间内发现不需要起动灭火系统进行灭火的情况时，可按下贮瓶柜外面的紧急停止按钮，即可阻止灭火指令的发出，停止系统灭火程序。

应急操作：当报警控制系统失灵而发生火灾时，人员可到贮瓶柜打开应急操作装置，启动系统进行灭火。

1. 技术要求

消防系统设计应达到表5－16的性能要求。

表5－16　消防系统技术指标

设备	参数	技术指标
消防控制屏	电源	采用双电源供电
温度探测器	工作温度范围	0～200℃
火焰探测器	检测方式	红外线
可燃气体探测器	测量范围	0～100LEL%
声、光报警器	音量	110dB(A)
	灯光颜色	红、黄双色

消防控制屏的防护等级满足海上平台对室内安装设备的统一要求，消防所有探测器的防爆等级不低于ExdⅡBT4。

2. 适应性分析

国产25MW燃气轮机的消防系统在陆用和船用机组中得到了广泛应用，已具有成熟的设计制造经验。国产25MW燃气轮机与进口燃气轮机消防系统主要设备对比如表5－17所示，对比海上平台的进口机组的消防系统，国产25MW燃气轮机发电机组消防系统可以满足性能要求。针对海上平台的特殊环境，仅需要在设备防腐及防护等级方面进行适应性改进设计。

表 5－17　国内外机组消防系统对比

序号	设备名称	国产机组用消防设备	进口机组用消防设备
1	控制器	美国 DET－TRONICS	美国 DET－TRONICS
		国产（西门子 PLC 作为控制器硬件，软件为国内厂家自主研发）	
2	火焰探测器	美国 DET－TRONICS	美国 DET－TRONICS
		美国 SHARPEYE	
3	可燃气体探测器	美国 DET－TRONICS	美国 DET－TRONICS
		意大利 SENSITRON	
4	感温探测器	美国 fenwal	美国 fenwal
		美国 kidde	
5	声光报警器	国产	国产
6	CO_2 瓶体及附件	国产	国产

5.6.8　UPS 系统

UPS 系统是为燃气轮机滑油电动供、回油泵、发电机应急油泵，以及控制系统等重要负荷提供交流不间断电源。

UPS 系统设计应达到表 5－18 所列的性能要求。

表 5－18　UPS 系统性能要求

设备参数	技术指标
容量	60kVA
输入电压	AC380V
输入频率	50Hz
输出电压	AC380/220V
输出频率	50Hz
输出效率	>90%
静态稳压精度	0～100% 负荷　±1%
动态稳压精度	100% 负荷突变　±4%
稳频精度	线性负载 ≤3%
线性负载波形失真度	≤3%
非线性负载波形失真度	≤5%

续表

设备参数	技术指标
过载125%额定负荷的能力	≥10min
过载150%额定负荷的能力	≥1min
静态开关转换时间	≤4ms
电池	免维护铅酸蓄电池(断电维持1h)

5.6.9 低压配电系统

低压配电系统由低压配电柜和低压变频柜组成，低压配电柜是为满足燃气轮机发电机组的运行需要，按照负荷类型及控制要求进行电能的转换和分配；低压变频柜是为满足燃气轮机起机需要及减小低压负荷的起动对海上平台低压电网的冲击，通过改变交流电动机工作电压的频率及幅值，平滑控制交流电动机的速度及转矩。

1. 性能要求

低压配电柜设计应达到表5－19所列的性能要求。

表5－19 低压配电柜性能参数

低压配电柜形式	抽屉+固定混合式
出线方式	下出线或侧出线
额定电压	0.4kV
额定频率	50Hz
主母线额定电流	1200A
主母线短时耐受电流(1s)	≥50kA
柜体厚度	≥2mm
使用场所	户内

根据需要配置变频器的电机容量与用途，选择适当的变频器类型及功率，变频柜输入380V/50Hz，输出0～380V，0～50Hz，并具有过电流、过电压、欠电压、过载、缺相、电机过载和主器件保护等保护功能。

2. 技术要求

(1)柜体结构、材质及防护等级应满足海上平台室内安装的要求，柜内元件应选用经船级社认证的国外或合资品牌产品。

(2)开关柜及柜内元件的额定值与操作逻辑需符合设计图纸要求。

(3)开关柜内主要元件(断路器、接触器、热继电器、继电器等)应采用进口或合资品牌产品。

(4)开关柜的结构应保证工作人员的安全，且便于运行、维护、检查、监视、检修和试验。

(5)同等型号的开关柜内，额定值和结构相同的组件应能互换；抽屉高度、宽度及深度尺寸相等，功能相同的单元应具有良好的互换性。

(6)装于开关柜上的各组件应符合相关的国家及行业标准。

(7)开关柜的外壳需有足够的强度和刚度，应满足图纸中所示的电气条件的要求。

3. 适应性分析

(1)应用环境适应性分析

海上平台的特殊环境条件，对燃气轮机发电机组电气和控制系统有以下几个方面的影响：

①长期离岸工作，零部件补给困难；

②工作环境湿度大，有霉菌和附着生物的影响；

③可能受强风和海浪的冲击；

④工作环境中有油污、腐蚀性气体，甚至存在易燃易爆的气体；

⑤因空间有限，设备高度集中，布置受空间限制；

⑥平台为钢结构，电气设备众多，工作在同一电磁屏蔽环境中，易受干扰。

为了消除以上的影响，海上燃气轮机发电机组电气及控制系统设计需要具备以下特点：

①选用较高工作可靠性的零部件。由于海上平台零部件补给困难，所以燃气轮机发电机组控制及电气系统的零部件均尽量选用在平台上应用过的国内外一线品牌产品。

②在危险区域工作的电气设备，应具有与使用环境相应的防爆性能。由于燃气轮机发电机组处于Ⅱ类防爆区，可燃气体为天然气，故危险区域的电气设备采用不低于ExdⅡBT4或ExeⅡBT4的防爆等级。

③具有防止电磁干扰的措施。防止电磁干扰主要有三项措施，即屏蔽、滤波

和接地。

(2)室内电气盘柜适应性分析

室内电气盘柜喷涂适用于海洋环境的防腐涂层，并设置防冷凝结露和通风装置。此外，对于柜内主要电气元器件，将选用符合船用标准的产品。为充分利用有限空间，室内电气盘柜将采用集成化、小型化设计。对于低压配电柜，采用抽屉+固定混合式结构。对于励磁、保护、同期装置，将集成在同一柜内。对于UPS系统，使用电池柜结构，减少占地面积，提高纵向空间利用。为确保获得良好的防尘和防水效果，室内电气盘柜采用更高的防护等级。此外，盘柜内部将尽量采用知名品牌元件，增强设备的可靠性与易维护性。

与GE发电机组室内电气盘柜对比，国产机组室内电气盘柜在材料、性能、维护方面与其不相上下。在防护方面，国产机组将采用不低于GE机组的防护等级，并且在柜内设置有防冷凝加热器和通风风扇，保证盘柜的长期可靠运行。在尺寸方面，国产机组室内盘柜将采用优于GE机组的设计，提高纵向空间利用。

4. 电气设备及材料

由于平台严苛的室外环境，室外电气设备外壳将采用耐腐蚀涂层，设备内部选用耐盐、雾、潮湿元件及材料。对于室外电气接线箱，将采用316L材质的不锈钢，接线箱进、出电缆处将采用316L或黄铜镀镍材质的防爆格兰。对于电缆，选用阻燃型电缆。对于电缆桥架，选用不锈钢或铝合金(不含铜)材质，桥架连接处采用符合平台使用环境的连接部件。

由于海上平台的结构特点，室外用电动机将采用隔爆型防爆电动机，并在关键部位加强电动机的固定。对于室外防爆接线箱，将增加其背板紧固螺栓数量并加强箱内器件的固定。室外电气设备的防护等级将选用IP56，以保证足够的防护。在进行桥架布置时，将尽可能合理地优化桥架走向并充分利用管道的闲置空间并增加固定点数量及固定强度。此外，对于室外用电动机、接线箱及箱内元件，选用国内或国际知名品牌产品。

5.6.10　控制系统

控制系统应根据买方提供的压缩机控制规律和要求，自动控制燃压机组起动、运行的全过程，在各种工况下稳定运行。完成燃驱压缩机组起动/停车、顺序逻辑控制、稳态和过渡态控制、负荷控制、防喘控制、燃料气调节、压缩机入口压力调节、压缩机出口压力调节、速度控制、火灾和可燃气体监测、机械状态监测、报警、保护、联锁、紧急停车、远程诊断等功能。

燃压机组控制系统(UCS)应至少包括1个LCP(就地控制盘)、ESD急停保护装置、1个UCP(燃压控制柜)、2套HMI操作员站(包含打印机)、1台便携式编程电脑。实现燃驱压缩机组(包括燃气轮机、压缩机及相关辅助设备)的全自动安全运行控制和监控。控制系统提供良好的人机操作界面，具有就地操作和远程控制功能，能接收远控信号实现正常停车和紧急停车。可通过以太网络与外界交换数据，使用开放的、标准的、先进的通信协议，能很方便地融入上层系统。与其他控制装置连接方便，具有可扩充性和开放性。

1. 技术要求

(1)控制系统应满足冗余的供电要求，供电电源为220VAC，50Hz。

(2)控制系统应具有冗余的控制器和通信网络，控制器的工作负荷不得超过满负荷的60%。

(3)仪表、控制回路和电磁阀的工作电源应为24VDC，并能够在-5%~10%的电压波动范围内工作。

(4)所有变送器仪表应至少满足以下性能参数：0.25%的量程精度，0.2%的重复性。

(5)控制系统应具有满足机组运行要求的完整的控制和监测功能。

(6)控制系统软件所有编程语言应符合IEC的相关要求，并具有离线和在线模式。

(7)控制系统应能显示和实现至少以下信息和操作：所有传送信号，完整的工艺流程，阀门、电机的状态，主/备状态，报警和停机状态，读取历史数据并能生成趋势曲线，配置相关报警、停机和控制回路的设定参数，手动起/停执行机构，主/备可以进行切换。

2. 其他要求

(1)所有橇外仪表应能在50℃的环境温度下正常工作。

(2)所有仪表的过程接口应为“1/2NPT或1/4NPT”的阴螺纹连接，现场所有

仪表的电气接口应为 M20×1.5。

(3)直接暴露于阳光下的所有传感器应当配备遮阳罩。

(4)室外安装的仪表外壳、接线箱、控制柜体等材料选用 316SS(奥氏体不锈钢)或其他满足要求的材料。

(5)仪表、接线箱、控制柜应采取密封性或半密封性结构设计并避免金属电偶腐蚀。

(6)室外安装的仪表、接线箱、控制柜体的防护等级设计为至少 IP56。

(7)所有位于无危险区域安装在户外的电子仪表应至少满足 2 区防爆要求，仪表防护罩(外壳)应至少满足 Exd IIB T4 要求，接线盒至少满足 Exe IIB T4。

(8)所有格兰必须具有防爆认证，材料至少为黄铜，电缆进线口为备用时，应有堵头，堵头的材料取决于格兰的材料。

(9)仪表电缆应按照 BS5308 的标准制造，电缆导体的横截面积应不小于 1.5mm^2，多对电缆的每一对应该是对绞的，对于模拟量信号需要有分屏和总屏，对于数字量需要有总屏。

(10)所有仪表电缆应耐盐腐蚀，并具有铠装结构。

3. 适应性分析

国产 25MW 燃气轮机控制系统在船用型、陆用型机组中广泛应用，而且具备了相当高的水平。从机旁电子监控装置到燃驱发电、压缩机组控制系统，再到 PMS 功率管理系统，无论是动力控制、发电运行，还是孤网管控，积累了丰富的设计与运行经验。国产海上平台燃气轮机发电机组控制系统实现的功能与陆用发电项目诸如东方终端、涠洲终端、伊朗北阿电站项目控制系统功能类似，存在的区别主要在产品选型和集成优化设计上。

(1)控制系统柜体

根据海上平台寸土寸金、可利用空间小的特点，国产燃气轮机发电机组控制系统采用机旁就地 I/O 的布置模式，控制室内仅设置两面控制盘柜，对比于陆上涠洲终端自备电站(4 面)及东方终端自备电站(3 面)，数量上明显减少，既做到没有浪费的空间，又不影响正常的操作维护。

在盘柜的表面将喷涂区别于陆地应用环境的防腐涂层，并尽量在盘柜内部安装防潮加热器。此外，对于柜内主要电气元器件，将尽量选用符合船用标准的产品，采用底部进线，进线口用防爆胶泥进行封堵。

(2)软硬件平台对比分析

目前主流的PLC产品主要来自罗克韦尔公司和西门子公司，罗克韦尔公司最具代表性的ControlLogix系列PLC与西门子公司S7－400系列PLC均属于一线产品，是目前PLC产品中性能较高的。二者主要的区别在于ControlLogix系列PLC控制层网络采用ControlNet网络，该网络已成为工业自动化领域的标准网络，是一种高性能的工业局域网，具有开放性、高效率、多功能、确定性和可重复性、灵活性等特点，扩展性极强，可共享I/O，并具有强大方便的网络组态，诊断功能及可靠性，并且可以与其他公司的产品做到很好的兼容。

在I/O扩展方面，ControlLogix系列支持本地、远程的高低档I/O，满足用户的不同要求，S7－400系列只可在本地扩展使用S7－400系列I/O，远程扩展必须使用ET200低档I/O。在软件程序编写方面，ControlLogix系列编程语言更加人性化，而且具有在线多点修改功能，并可以在修改时与修改之前的程序进行比较，这为工程师在调试过程中提供了更多的方便，而S7－400系列在这方面比较不方便。在应用和市场方面，罗克韦尔公司ControlLogix系列PLC更多地应用于燃气轮机的控制，S7－400系列PLC更偏重于其他领域，而且从高端PLC来看罗克韦尔是市场占有率最高的，质量也是最好的，二者在国内均有多家代理商，供货渠道比较畅通。

综上所述，国产25MW发电机组电气与控制系统的软硬件，按照海上平台的具体要求选型，电气和控制系统的元器件根据规定设计集成，能够满足海上平台的使用要求。电气和控制系统的电动机、元器件、线缆、接线箱、格兰等设备材料的国内供货渠道顺畅，相比于国外产品供货周期短，价格实惠，部分产品已达到国际同等水平。在设备选型应用方面，考虑采用部分国内优秀产品。

5.6.11 公用系统

依据国产25MW燃气轮机发电机组技术条件，并且满足燃气轮机发电机组在海上平台安全稳定运行，用户应保证供应以下所述的公用系统。

1. 燃料要求

(1)气体燃料

气体燃料组分应满足表5－20中的要求。

表5－20　气体燃料组分要求

指标	数值
20℃，0.1013MPa条件下的燃烧低热值	31.8MJ/m^3(7600kcal/m^3)
韦氏数值的区域(最高的)	41.2～54.5MJ/m^3(9850～13000kcal/m^3)
韦氏数与标准值的允许偏差	±5%
20℃，0.1013MPa条件下的密度	0.676～0.83kg/m^3
硫化氢的质量浓度	0.02g/Nm^3
硫醇酸的质量浓度	0.036g/Nm^3
氧的体积份额	1.0%
机械杂质的质量	0.001g/Nm^3
燃点	900～1100K
空气混合物的燃烧浓度极限，体积的下限	5%
空气混合物的燃烧浓度极限，体积的上限	15%

供应至燃气轮机发电机组橇上的气体燃料，应满足以下要求：

①压力为(3.5±0.1)MPa，温度高于露点20℃，最大75℃，最大流量达到6100kg/h；

②去除气体燃料中的液态馏分(冷凝气、液滴、滑油)和99.8%尺寸大于10μm的机械杂质，机械杂质的总量不应超过20mg/m^3；

③出于安全目的，为了紧急切断燃料气体，用户应安装截断燃料供应的切断开关和根据自动控制系统信号把燃料排放到放气管的放空阀，阀门动作时间应不大于1s；

④用户现场的燃料气系统滤器后至燃气轮机发电机组橇上的管路应用316L不锈钢材料制作，天然气管道所有设备、管路、阀件及气体导管安装前应检查内腔有无润滑脂并提供相应证明文件，禁止在天然气管路和设备内腔中使用任何类型的润滑脂；

⑤用户应提供放空管，用于接通燃气轮机发电装置的放空管路。

(2)液体燃料

液体燃料组分应满足表5－21中的要求。

表 5-21 液体燃料组分要求

指标	数值
十六烷值	45
馏分组成 50%，蒸馏时的温度 馏分组成 96%，蒸馏时的温度	280℃ 370℃
20℃时的运动黏度	3.0～6.0mm^2/s
凝点温度	-10℃
关闭的坩埚中的闪点温度	62℃
硫的质量份额 Ⅰ类 Ⅱ类 Ⅲ类 Ⅳ类	 0.05% 0.10% 0.20% 0.50%
硫醇百分比	0.01%
硫化氢含量	无
铜片试验	通过
酸度，100cm^3 燃油中 KOH 的含量	5mg
碘数，100cm^3 燃油中碘的含量	6g
灰分	0.01%
10% 的残留物中的结焦性	0.3%
过滤系数	3
机械杂质含量	无
水含量	无
20℃时的密度	840～860kg/m^3
过滤极限稳定温度	-5℃

硫含量的不同等级划分，将影响燃气轮机火焰筒的寿命。

供向燃气轮机发电装置的液体燃料，应满足以下要求：

①液体燃料压力为 0.18～0.3MPa，温度为 20～40℃；

②能够保证液体燃料的运动黏度不超过 6cSt，最大流量不超过 6900kg/h；

③清除液体燃料中的机械杂质、水和生态脏污，个别机械杂质尺寸不应超过 10μm；

④出于安全目的，为了紧急切断液体燃料，用户应安装截断燃料供应的速关

阀，阀门动作应不大于1s；

⑤用户现场液体燃料储罐滤器后至燃气轮机发电装置橇上的管路应用不锈钢材料制作；

⑥用户应保证收集和保管泄放的液态燃料。

2. 润滑油要求

①向燃气轮机、发电机油箱注入温度不低于15℃的滑油；

②清除进入滑油箱中滑油的机械杂质和水，燃气轮机滑油供油中个别微粒的尺寸不应超过10μm，发电机滑油供油中个别微粒的尺寸不应超过5μm（以发电机实际要求为准）；

③滑油牌号：建议使用ISO VG32。

3. 仪表气（压缩空气、氮气）要求

供入燃气轮机发电装置的压缩空气应干燥到对应于露点的湿度，并去除尺寸大于10μm的机械杂质。

燃气轮机发电机组对于压缩空气的参数需求：

①压力为(1.0±0.1)MPa；

②温度为20~40℃；

③最大流量为140Nm^3/h。

需要用户提供氮气，用于双燃料系统中的燃料气管路置换，需求压力为0.3~0.5MPa，每次置换或吹扫的量为10Nm^3。

4. 冷却水要求

①发电机用冷却水为海水；

②冷却水流量为180m^3/h。

5. 用电要求

①燃气轮机发电机组起动时，所需的额定电功率为322kW；

②机组正常运行时，所需的额定电功率为176kW；

③机组停机时，所需额定电功率为135kW；

④需要具备UPS电源，功率为60kVA（AC380V）。

参考文献

[1]曾万模．大型燃气蒸汽联合循环机组热电联产可行性重点问题研究[D]．广州：华南理工大学，2011.

[2]中国科学技术协会．动力机械工程学科发展报告[M]．北京：中国科学技术出版社，2011：4.

[3]刘殷海．电源优化规划理论研究及应用[D]．北京：华北电力大学(北京)，2006.

[4]牛亚楠．微型燃气轮机领域专利技术综述[J]．科技创新与应用，2017(11)：35－36.

[5]张丽，陈硕翼．微小型燃气轮机技术发展现状及对策建议[J]．科技中国，2020，271(4)：17－18.

[6]杨策，刘宏伟，李晓，等．微型燃气轮机技术[J]．热能动力工程，2003(1)：1－4，104.

[7]糜洪元．国内外燃气轮机发电技术的发展现况与展望[J]．电力设备，2006(10)：8－10.

[8]侯瑞彤，钟书华．中美日英微型燃气轮机技术发展比较——基于专利数据分析[J]．中国发明与专利，2022，19(1)：34－40.

[9]伍赛特．重型燃气轮机研究现状与技术发展趋势展望[J]．机电产品开发与创新，2019，32(2)：65－67.

[10]徐智珍，赵永建，张轲．国外舰船航改燃气轮机的发展特点[J]．燃气涡轮试验与研究，2010，23(2)：58－62.

[11]沈迪刚．国外燃气轮机发展途径及方向[J]．航空发动机，2000(1)：43－48.

[12]张云，杨富余．国外主要公司燃气轮机技术发展近况[J]．上海汽轮机，1998(2)：24－54.

[13]张小董．国外燃气轮机发展现状与展望[J]．燃气轮机技术，1990(2)：1－8.

[14]范雪飞，王思远，刘传亮，等．国内重型燃气轮机辅助系统的发展现状[J]．发电设备，2021，35(3)：207－212.

[15]范学领，李定骏，吕伯文，等．国之重器，十载砥砺——重型燃气轮机制造基础研究进展[J]．中国基础科学，2018，20(2)：32－40.

[16]赵龙生，钟史明，王肖税．H级重型燃气轮机的最新发展概况[J]．天然气工业，2017，30(3)：27－31.

[17]林蔚．重型燃气轮机发展现状及招标管理[J]．科技创新导报，2019，16(30)：160－162.

[18]邓清华，胡乐豪，李军，等．大型发电技术发展现状及趋势[J]．热力透平，2019，48(3)：175－181.

[19]刘晖．大功率重型燃气轮机技术的新发展[J]．内燃气轮机与配件，2020(17)：46－47.

[20]蒋洪德．加速推进重型燃气轮机核心技术研究开发和国产化[J]．动力工程学报，2011，31(8)：563－566.

[21]李树田．国内大型燃气轮机发展历程及运行综述[J]．浙江电力，2012，31(12)：75－78.

[22]徐慧宁，董洁，殷国富，等．燃气轮机产业现状与技术发展趋势[C]//四川省机械工程学会．四川省机械工程学会第二届学术年会论文集，2016：5－10.

[23]王松岭，张莉娜，张学镭．燃气轮机进气冷却技术现状及发展趋势[J]．电力科学与工程，2009，25(2)：37－41.

[24]伍赛特．燃气轮机现阶段应用与未来发展研究[J]．机械管理开发，2023，38(1)：60－61，65.

[25]束国刚，余春华，沈国华，等．新时期我国重型燃气轮机发展研究[J]．中国工程科学，2022，24(6)：184－192.

[26]蒋洪德，任静，李雪英，等．重型燃气轮机现状与发展趋势[J]．中国电机工程学报，2014，34(29)：5096－5102.

[27]杨功显，张琼元，高振桓，等．重型燃气轮机热端部件材料发展现状及趋势[J]．航空动力，2019(2)：70－73.

[28]付镇柏，蒋洪德，张珊珊，等．GH 级燃气轮机燃烧室技术研发的分析与思考[J]．燃气轮机技术，2015，28(4)：1－9.

[29]李名家．燃气轮机双燃料燃烧室设计技术及试验研究[R]．黑龙江省：中国船舶重工集团公司第七• •三研究所，2021.

[30]EISAKU I，OKADA I，TSUK AGOSHI K，et al. Development of key technologies for the next generation gas turbine[C]//ASME Turbo Expo 2010：Power for Land，Sea，and Air，Glasgow，UK，2010.

[31]EISAKU I，OKADA I，TSUK AGOSHI K，et al. Development of key technologies for next generation high temperature gasturbine[C]//ASME Turbo Expo 2011：Power for Land，Sea，and Air，British Columbia，Canada，2011.

[32]EISAKU I，TSUK AGOSHI K，SAKAMOTO Y，et al. Development of key technologies for an ultra－high－temperature gasturbine[J]. MHI Technical Review Technical Review，2011，48(3)：1－8.

[33]徐蕴镠，杨凯．海上平台燃气发电机组模块化建模与分析[J]．电测与仪表，2023，60(1)：78－86.

[34]王庆国，毛文江．海上平台燃气轮机发电机组滑动轴承异常磨损故障分析[J]．机电工程技术，2022，51(4)：251－254.

[35]阎奕辰，杨家臣，袁伟亮，等．海上石油平台国产透平动力设备可靠性提升措施[J]．化

工管理，2021(35)：134－135.

[36]鄂瑞峰，丁海燕，郭庆，等．海上油(气)田透平发电机组国产化经济性分析[J]．石油和化工设备，2018，21(5)：49－50.

[37]宫京艳，李卫团，张龙，等．海上油气田燃气轮机燃气无法起动分析及应对措施[J]．石化技术，2016，23(4)：97－99.

[38]李敏，吴赛峰．舰用航改燃气轮机技术应用及发展思路[J]．航空动力，2022(4)：25－28.

[39]李小萌．某海上平台用燃气轮机涡轮部件腐蚀防护设计[J]．中国设备工程，2023(11)：132－134.

[40]首台国产海上平台用25MW双燃料燃气轮机发电机组工程应用示范顺利通过验收[J]．热能动力工程，2021，36(1)：145.

[41]吉桂明．船用燃气轮机性能技术规范[J]．热能动力工程，2019，34(3)：127.

[42]川崎公司燃气轮机产品手册．